L'eau dans le Pacifique Sud

Sous la direction de Corinne Berger et Jean-Luc Roques

L'eau dans le Pacifique Sud

Entre mythes et réalités

L'Harmattan

Des mêmes auteurs :

J.-L. Roques, *La petite ville et ses jeunes*, Paris, L'Harmattan, 2004.

C. Berger & J.-L. Roques., *L'eau comme fait social : Transparence et opacité dans la gestion locale de l'eau*, Paris, L'Harmattan, 2005.

J.-L. Roques, *Inclusion et exclusion dans les petites villes : Le rôle de la culture locale, de la mémoire et de l'école,* Paris, L'Harmattan, 2007.

C. Berger & J.-L. Roques, *La terre comme objet de convoitise : Appropriation, exploitation, dégradation*, Paris, L'Harmattan, 2008.

J.-L. Roques, *La fin des petites villes : Une modernité envahissante*, Paris, L'Harmattan, 2009.

J.-L. Roques, *Une sociologie de la petite ville*, Paris, L'Harmattan, 2011.

C. Berger & J.-L. Roques, *Un monde de feu : Réchauffement environnemental et surchauffe sociale*, Paris, L'Harmattan, 2012.

5-7, rue de l'École-Polytechnique ; 75005 Paris

http://www.librairieharmattan.com
diffusion.harmattan@wanadoo.fr
harmattan1@wanadoo.fr

ISBN : 978-2-343-00983-4
EAN : 9782343009834

Remerciements

Nous tenons à remercier Frédéric Angleviel pour son soutien apporté à la publication de ce manuscrit collectif, mais aussi pour ses remarques précieuses.

Toute notre gratitude va à Anne Dellenbach-Pesqué qui a lu et corrigé cet ouvrage.

Nous remercions enfin tous les auteurs qui ont participé à ce travail ainsi que toutes les personnes qui de près ou de loin ont pu nous aider dans cette entreprise. Ce texte leur appartient.

SOMMAIRE

PRÉSENTATION DES AUTEURS

(par ordre alphabétique)

BERGER Corinne est juriste en droit public. Elle est chargée d'études au PEAL et rédactrice de *La lettre du PEAL*. Elle travaille depuis plusieurs années avec les collectivités locales et a coordonné des études et des évaluations institutionnelles. Ses recherches ont tout d'abord porté sur le Comité économique et social régional à l'université de Bordeaux I, avant de se centrer sur les problèmes environnementaux et sociaux. Elle a publié plusieurs articles et a contribué en 2008 à l'ouvrage *Révolte, conflits et guerres mondiales en Nouvelle-Calédonie et dans sa région*. Ses ouvrages de référence sont *L'eau comme fait social* (2005), *La terre comme objet de convoitise* (2008) et plus récemment *Un monde de feu* (2012).

COIFFIER Christian, architecte de formation, est également anthropologue. Actuellement maître de conférences du Muséum national d'histoire naturelle de Paris et chargé de mission au département de la recherche et de l'enseignement du musée du Quai Branly, il dépend de l'UMR 7206 du CNRS intitulé « Éco-anthropologie et ethnobiologie ». Il a publié un ouvrage sur l'architecture traditionnelle du Vanuatu ainsi que près d'une centaine de textes scientifiques. En 2001, il a été le commissaire d'une exposition au musée de l'Homme intitulée : « Le voyage de La Korrigane dans les mers du Sud », avec la publication d'un remarquable catalogue, et la réalisation d'un documentaire intitulé : « Le voyage de La Korrigane sur la route des Arts premiers ». Il a déjà participé à plusieurs documentaires en tant que conseiller scientifique, « Crâne Iatmul » dans la collection Arts du mythe de Ludovic Segarra et Philippe Truffault, ARTE (2004), « Le voyage de La Korrigane sur la route des Arts premiers » de Jean-Paul Fargier (2005), « Sur la piste de Lapérouse. Au-delà d'un naufrage » d'Yves Bourgeois (2009).

D'ARCY Paul[1] est professeur à l'Autralia's National University. Il est connu internationalement pour ses travaux sur le Pacifique. Après l'obtention d'un diplôme sur l'histoire du Pacifique à l'université Otago, il a étudié à l'université de Hawai'i à Manoa. Il a enseigné à Otago, à l'université Victoria et à l'université du Queensland. Ses cours sont centrés sur le Pacifique, sur l'histoire environnementale et mondiale, aussi bien que sur les relations interraciales. Ses recherches actuelles se concentrent sur les problèmes et les avantages de la collaboration interdisciplinaire, sur l'histoire des conflits et leurs résolutions dans la région Asie-Pacifique, ainsi que sur les relations historiques de l'Australie avec ses voisins régionaux. Parmi ses multiples publications, on peut citer : (éd.), *Peoples of the Pacific : the History of Oceania to 1870*, Aldershot, Ashgate/Valorium, 2008 ; *The People of the Sea: Environment, Identity, and History in Oceania*, Honolulu, University of Hawai'i Press, 2006 ; « Fluid partnerships : marine resources and community development in New Caledonia and New Zealand », *in* Frederic Angleviel and Stephen Levine (éd.) ; *New Zealand and New Caledonia 1774-2005 : Human and Historical Links*, Wellington, Victoria University Press, 2008, pp. 238-252.

FERAL François est professeur de droit public à l'université de Perpignan où il dirige le Centre de recherche sur les transformations de l'action publique (EA 4216). Il est également directeur d'études à l'École pratique des hautes études et rattaché au Centre de recherche insulaire et observatoire de l'environnement : CRIOBE-EPHE-CNRS laboratoire d'excellence CORAIL, « Les récifs coralliens face au changement global » à Moorea en Polynésie française. Il est expert consultant auprès de différentes agences internationales dans le domaine

[1] Le texte de Paul D'Arcy a été traduit par Élodie Chazalon, qui est docteur en études anglophones et ATER à l'université de Perpignan où elle enseigne la civilisation américaine et la traduction. Ses recherches en *cultural* et *gender studies* portent sur les identités féminines, masculines et générationnelles, sur le discours sur ces identités dans les médias et la culture populaire, sur les pratiques culturelles, sur le rapport entre minorités et pouvoirs, et entre texte et image. Elle a contribué à plusieurs publications et communications concernant ces thématiques.

de la gouvernance et du développement. Outre de nombreuses publications dans les domaines du droit économique, droit de la mer et de l'environnement, droit constitutionnel et européen, droit comparé, il s'est intéressé comme juriste à l'émergence du phénomène de la gouvernance comme emblématique des transformations et à la complexification des modèles d'action publique. Son ouvrage de référence dans ce domaine est *Approche dialectique du droit de l'organisation administrative* publié chez l'Harmattan en 2001.

MAPOU Raphaël est chef de clan en Nouvelle-Calédonie, dans une chefferie du Sud située dans la commune de Yaté et dans l'aire Djubéa Kapûme. Il est chargé de mission pour l'expertise juridique au Sénat coutumier. Technicien supérieur dans le secteur du BTP dans l'administration communale en 1981, entrepreneur puis élu communal, il s'intéresse de près aux politiques publiques menées en matière de gestion du patrimoine naturel dans un pays possédant 25 % des réserves mondiales de nickel. Il est titulaire d'un master II de droit public à l'université de Perpignan Via Domitia, qu'il a soutenu en juin 2012, intitulé *Essai sur le dualisme de la souveraineté et le pluralisme juridique en Nouvelle-Calédonie : la reconnaissance des droits autochtones kanak*, où il traite de l'évolution du système juridique en Nouvelle-Calédonie.

PEREZ Christine est maître de conférences en histoire des mondes anciens à l'université de Polynésie française depuis 1992, après avoir accompli une carrière d'ingénieur CNRS pendant vingt ans à l'Institut des sciences et techniques de l'Antiquité (ISTA) à Besançon, à l'époque URA 338 du CNRS. Son statut d'enseignant-chercheur l'a conduite à s'intéresser de près à la « culture ancienne » des peuples du triangle polynésien dont les modes de vie, de fonctionnement, de pensée, avant la rencontre missionnaire, sont souvent si proches de ceux des sociétés de la Méditerranée ancienne dont elle est spécialiste. Ses recherches depuis son arrivée à l'UPF ont abouti à une trentaine de publications dont trois ouvrages, un quatrième étant en cours de publication.

ROQUES Jean-Luc est sociologue, maître de conférences à l'université de Perpignan Via Domitia, et membre du laboratoire C3S (EA 4660) à l'université de Franche-Comté. Ses recherches portent sur les dynamiques territoriales et leurs influences sur les acteurs locaux. Spécialiste des petites entités urbaines et auteur de quatre ouvrages et de plusieurs articles sur les petites villes, il recentre aujourd'hui ses travaux autour de certaines problématiques environnementales, comme notamment celles qui gravitent autour de l'eau, avec leurs ambivalences et leurs contradictions tant en ce qui concerne les représentations que les usages. On peut citer un de ses derniers articles : « Une approche sociologique des problèmes environnementaux : deux hypothèses explicatives », *VertigO - la revue électronique en sciences de l'environnement* [en ligne], *Débats et Perspectives*, mis en ligne le 01 février 2013, http://vertigo.revues.org/13225.

INTRODUCTION

Corinne BERGER & Jean-Luc ROQUES

« Naturelle, surnaturelle, artificielle, et non créée, l'eau demeure changeante, éternelle. »

Jean-Pierre Goubert, *La conquête de l'eau.*

Ce livre portera son attention sur l'eau dans le Pacifique Sud. Mais de quelle eau parlerons-nous, tant cet élément semble *a priori* si présent dans ce vaste territoire, sous des formes aussi multiples que variées ? Pourquoi avoir choisi un tel espace d'étude ? Avant de répondre à ces questions et de présenter les diverses contributions, il nous semble tout d'abord important de délimiter notre projet et l'orientation de cet ouvrage collectif. Pour introduire notre propos, nous pouvons admettre que l'eau est un élément fondamental, avec la terre et le feu (Berger & Roques, 2005, 2008, 2012), qui hante toutes les cultures humaines depuis l'aube des temps. Cette ressource vitale est présente tant du fait de sa portée symbolique que de son utilité pratique. Mais, si elle est source de rêverie et de lien, elle est aussi source de convoitise et de tension.

L'eau possède, il est vrai, une dimension fantasmatique et mystérieuse. Elle est chargée de pouvoir, car elle possède de manière intrinsèque une valeur dominatrice. Toutes les sociétés accordent une importance considérable à l'eau. Tous les mythes fondateurs affirment qu'au départ tout était eau. Chez les Chinois, c'est la source de toute chose et de toute existence. À Babylone, mais aussi chez les mathématiciens comme Thalès, la Terre n'existe que parce qu'elle flotte sur un océan d'eau douce. Chez les Indiens d'Amérique, le grand aigle vivifie la terre qui est stérilisée par les esprits néfastes. Chez les musulmans, l'eau qui tombe du ciel est bénie. Dans la Genèse, l'existence de l'eau précède le premier jour.

Lao-Tseu voyait en elle l'emblème suprême de la sagesse, car elle est libre et sans attaches. La source pour sa part est souvent d'origine divine. En hébreu, l'œil et la source forment un seul et même mot : *ayin*. On va alors la personnifier. Mélusine en s'accroupissant fait couler une source qui crée une vallée. Gargantua, en ouvrant les écluses de sa vessie, fait naître les rivières du Poitou. Les ruisseaux, les étangs, les fontaines, les marais, sont aussi peuplés d'êtres fantastiques. On y retrouve des sirènes, des ondines, des naïades, des vouivres ou des fées. Autant de créatures enchanteresses et très dangereuses. On imagine la belle au bain, mais malheur à celui qui tentera de la voir et de la saisir. Les lacs sont emplis de châteaux enfouis, de cités mystérieuses ou de monstres. Les fleuves, les rivières sont toujours occupés de dieux, sans parler des océans ou des mers où sévissent les dieux des profondeurs. Et si l'eau s'évapore, elle se transforme en nuages. En sanscrit, les nuages représentent l'embryon originel. Dans le Coran, l'ombre du nuage est le lieu de révélation d'Allah. En Chine, le sage doit se transformer en nuage pour conquérir l'éternité. Enfin, l'arc-en-ciel est sans doute l'élément qui symbolise le mieux l'alliance entre les dieux et les hommes, l'union harmonieuse entre le ciel et la terre.

Mais attention, l'eau renvoie aussi à la destruction soit par excès, soit par défaut. Malheur à l'humanité qui s'est mal conduite. On connaît l'histoire de Noé, mais on connaît moins l'histoire de la grenouille géante que l'on retrouve en Inde, en Grèce ou en Australie. Cette grenouille boit toute l'eau de la Terre et les animaux doivent alors la faire rire pour qu'elle restitue cette eau. L'eau est sacrée, car elle fait rêver mais inquiète. Elle est symbole de rupture et de passage. À la naissance on baigne l'enfant, à la mort on baigne le défunt. Ainsi, l'eau fait partie d'un univers fantasmatique et est hors de portée du commerce.

Certes, depuis le néolithique, bien des civilisations ont tenté de dominer l'eau, avec des conséquences parfois redoutables. Mais il semble qu'il existe une rupture, lorsque la pensée antique est mise à mal en ce qui concerne la description du cycle de l'eau dans le courant du XVIIe siècle. En Occident, on se représentait la mer baignant le centre de la terre, elle chauffait et s'évaporait dans des grottes. De là, l'eau ressortait par les sources, reprenait son cycle vers les ruisseaux, les fleuves puis la mer. Avec la mise en évidence du cycle atmosphérique, la magie des profondeurs semble s'évaporer. Tout bascule ensuite avec Lavoisier qui met en évidence la composition chimique de l'eau. Elle devient H_2O. Buffon disait que toute eau, même la plus pure, renferme des germes qui se développent avec le temps. Le cycle de l'eau n'est plus mystérieux, l'eau devient un ensemble d'éléments séparables et peut engendrer des maladies.

L'homme entreprend alors sa conquête avec le concours des chimistes, des techniciens, des hygiénistes, des industriels. La bourgeoisie, qui confond le manque de propreté, les troubles de la santé et les désordres politiques, fait passer l'eau de la sphère publique à la sphère privée. Elle introduit dans l'habitation le lavabo, la baignoire, le bidet, la garde-robe hydraulique, la lessiveuse. Enfin, popularisée par la presse, l'école et l'hôpital, l'eau va pénétrer et transformer l'ensemble du système social (Goubert, 1986). Les hygiénistes, sûrs de leur savoir avec la révolution pasteurienne, vont veiller sur la pureté de l'eau qu'ils contribuent à codifier mais aussi à rendre obligatoire dans les logements. Spécialistes du corps individuel, ils deviennent spécialistes du corps social. La saleté est présentée comme une offense à l'ordre, elle devient néfaste à la santé et est considérée comme un signe de barbarie paysanne, d'arriération mentale, sous-tendue par une pensée aériste moribonde. Les symboliques anciennes sont alors reléguées au rang d'archaïsme. Les techniciens et les ingénieurs vont mettre l'eau sous surveillance, l'analyser, inventer de nouveaux systèmes d'épuration et de distribution. Les industriels vont transformer cette ressource en produit de consommation. Le capitalisme du XIXe est alors heureux de trouver de nouvelles sources de profit. Il faudra attendre quelques décennies pour voir apparaître la société de consommation puis du loisir, et de nouvelles manières d'utiliser l'eau. Les seuls esprits qui hantent cette ressource sont les bactéries. L'eau, qui fait partie du quotidien, devient un objet technique et de commerce. Elle est désenchantée.

S'il semble *a priori* évident que ces deux orientations se sont succédées, ne pourrions-nous pas formuler une autre hypothèse et considérer qu'il existe dans toute société deux formes de pensée qui se mêlent et se nourrissent l'une l'autre, la pensée emblématique et la pensée instrumentale. Par exemple, l'attirance pour l'eau est telle que la culture occidentale s'immerge dans celle-ci. Ne renvoie-t-elle pas à l'originel ? L'eau est source de santé, de bien-être ou de confort. Toute la panoplie domotique se réfère à cette ressource. Elle est aussi un symbole de purification et de ressourcement avec le Spa, le hammam, la piscine, le sauna, les vacances à la mer, les croisières. On se régénère en pouvant jouer avec l'eau, dans des parcs d'attractions, comme Aquatropic, Amazonia, Aquarama. Et, si l'on a un peu de temps, on arrose sa pelouse et ses plantes vertes, le plus souvent avec l'eau potable, car il est si facile d'ouvrir un robinet[1]. Derrière nos loisirs, qui sont parfois prévus, anticipés, projetés, n'y a-t-il pas une part de retour vers des valeurs archaïques ?

Pour donner corps à cette hypothèse, reprenons de manière succincte une de nos études (Berger & Roques, 2005) concernant la gestion de l'eau dans une commune du Sud de la France. En France, la transformation du paysage hydraulique s'était faite au milieu du XIXe siècle dans les grandes villes puis petit à petit au XXe siècle dans les autres milieux. L'après-guerre voit apparaître de nouvelles politiques économiques et d'aménagement du territoire. Des aides et des subventions vont être données pour moderniser le pays, et des crédits spéciaux vont être alloués pour favoriser l'irrigation ou la maîtrise des eaux. C'est au début des années 1960 que la commune étudiée décide de construire un réseau d'adduction d'eau. En 1961, ce sont les premiers essais de forage, puis la mise en service de l'équipement électromécanique des réservoirs et de la station de pompage. Jusqu'en 1965, l'ensemble du système de canalisations va être mis en place, avec

[1] Pensons simplement à la privatisation de l'eau de La Paz en Bolivie, dans le quartier populaire d'Alto Lima, et à la distribution de l'eau gérée par le consortium français Aguas del Illimani, filiale de la Lyonnaise des eaux. Alvaro Larrea Alarcon, ingénieur du Fonds national de développement régional bolivien, déclarait il y a quelques années que la concession pourrait être encore plus rentable dans la mesure où la population consommerait davantage. Le principe est donc simple, faire en sorte que les populations utilisent de plus grandes quantités d'eau, en intégrant de nouvelles fonctionnalités à la ressource, autres que vitales.

une série d'expropriations, auxquelles personne ne s'oppose. L'eau courante devient synonyme de modernité, et la commune crée une régie municipale. La transformation des années 1980-2000 est nette. Les lois de décentralisation commencent à se mettre en place et les élus locaux voient leurs charges se multiplier au-delà de la gestion de l'eau qui était juridiquement confiée aux maires depuis 1884. L'eau entre à l'âge du droit. La loi du 3 janvier 1992 dite « loi sur l'eau » reconnaît la valeur juridique de la ressource. Dans notre cas, s'ajoutent des problèmes de réserves d'eau, surtout en période estivale. L'idée est d'augmenter le prix de l'eau, mais cela n'est pas bien vu par les électeurs. Quelque peu sous pression et devant la complexité des charges, les élus choisissent de faire appel à un tiers pour gérer la ressource en eau. Deux sociétés d'affermage se succéderont. Les années 2000 voient apparaître de nouveaux changements. L'eau entre dans la sphère du marché en mars 2000 lors du Forum mondial et est assimilée à de l'« or bleu ». Dans notre cas, l'intérêt qu'en retirent les entreprises est faible et l'attrait financier peu attractif. Toutefois, c'est la commune qui prend les devants en utilisant la loi Sapin de 1993 pour dénoncer le contrat. Cette nouvelle orientation renvoie à un choix délibéré des responsables locaux, puisque le système autonome permet de faire une économie substantielle et de baisser le prix de l'eau. Aux alentours des années 2000, l'eau est à nouveau gérée en régie directe, véritable petite entreprise locale.

À la lecture de cet historique, le constat semble logique. La rationalité politique se mêle à la rationalité économique. Il y a une adaptation à chaque période au nouveau contexte et aux nouvelles contraintes. Toutefois, on peut se demander s'il n'existe pas d'autres facteurs explicatifs. Revenons alors sur nos trois périodes. Dans les années 1960, la commune est resserrée et ne vit l'altérité qu'avec les communes voisines. C'est au moment où sa démographie est la plus faible depuis plus de deux cents ans qu'elle choisit de mettre en place un réseau d'eau potable. La gestion de l'eau est familiale et communautaire. Elle est exercée par les anciens, les élus, qui choisissent la régie directe. La sphère publique et la sphère privée se confondent. L'eau appartient à la communauté qui ne s'en sépare pas. Mais il existe un autre élément important. Dès 1955, le maire expose l'intérêt qu'il y aurait à entreprendre l'étude de l'alimentation en eau, et c'est vers une des sources que se tourne l'idée du captage. Avant toute étude, pourquoi se concentre-t-il sur cette source alors qu'elle ne sera jamais utilisée ? Ici, le premier peuplement s'est fait à cet endroit qui était un lieu de culte, puis un lieu de sociabilité où fut construit le premier lavoir. À proximité de cette source, fut trouvé le plus ancien vestige de la commune : la nymphe de Fan, sculptée au IIIe siècle. On peut alors se demander s'il n'existe pas un lien entre le premier discours politique qui voit dans cette source un gage d'abondance et l'imaginaire local qui diffuse cet esprit des lieux ? Les années 1980-2000 voient l'avènement complet du tourisme et du résidentiel. Le recensement montre que 52 % de l'habitat est composé de résidences non permanentes. Le problème de la distribution d'eau devient sensible pendant la période estivale. Mais, au-delà, la communauté locale est dépossédée de la terre par le biais du rachat du bâti, mais aussi de son eau, par l'intermédiaire de la construction de piscines, de systèmes d'arrosage. La ressource tend à être appropriée par d'autres. L'eau, vecteur de lien, devient source d'opposition. La communauté se voit confrontée à l'altérité, avec des nouveaux arrivants qui semblent outrepasser leurs droits sur la ressource, ou des entreprises qui viennent s'immiscer dans les affaires locales. Les affaires publiques se séparent des affaires privées, et les familles locales perdent leur influence. Pour aller plus loin, des historiens émettent l'hypothèse d'une disjonction de la nymphe de Fan. Il semblerait que sa moitié soit cachée. L'image de l'autre surgit. Au même titre que la nymphe, le corps social local se sent dissocié. Le 6 octobre 1998, il est entériné la décision de cesser le contrat d'affermage, mais il est aussi proposé le nom d'une entreprise qui réalisera les travaux sur le réseau d'eau. Cette dernière est en fait proche de l'espace concerné, des familles locales et des élus municipaux. La gestion locale de l'eau devient indépendante de toute contrainte externe. D'ailleurs, « nous, on sait économiser l'eau », affirme un élu. Le nous porte en lui ce moi collectif, que les responsables de l'eau mettent en avant. Nous avons affaire à un engagement rituel, à un appel à la communauté pour défendre l'intégrité territoriale. De plus, si la gestion de l'eau est reprise en main, certains lieux de mémoire le sont aussi. L'accès de la source et le lavoir sont rénovés puis, pour le 15 août, un important bric-à-brac y est organisé, soit par la municipalité, soit par une association locale. Les habitants revivent, par l'intermédiaire des objets d'autrefois, une forme de socialité perdue. La communauté se replonge dans un bain de jouvence.

En conséquence, force est de constater que, derrière la gestion de l'eau apparemment rationalisée, se glissent des symboliques ainsi que des dynamiques territoriales particulières. L'eau est un objet de convoitise, d'appropriation et de reconstruction identitaire. L'eau devient un enjeu majeur de pouvoir.

De manière plus globale et pour aller plus loin, on sait que l'inégalité de certaines régions, face aux ressources en eau, conduit à des luttes de pouvoir et à des tensions extrêmes. Au Proche-Orient et au Moyen-Orient, où l'offre naturelle est réduite, le partage des eaux rend la situation instable. Tous les experts conviennent que, dans le contexte de raréfaction croissante de l'eau dans cette partie du monde, seuls des mécanismes de coopération régionale et bilatérale peuvent sinon régler les déséquilibres hydrauliques, du moins atténuer les situations de pénurie. Les États de la région sont d'ailleurs invités à adopter une gestion de l'eau transcendant les frontières nationales et intégrant les frontières hydrauliques. Toutefois, ces tensions ne sont pas l'apanage de ces seuls pays. On retrouve des crispations entre l'Espagne et le Portugal, les USA et le Canada, et dans bien d'autres cas encore. En fait, près de 300 conflits potentiels peuvent être répertoriés dans le monde. À ces diverses oppositions portant sur l'eau potable, il est aussi possible d'ajouter les conflits maritimes qui jalonnent notre planète. Les mers et les océans deviennent des enjeux géostratégiques importants, tant en ce qui concerne les échanges de marchandises et la navigation de plaisance que pour les richesses qu'ils possèdent. Pour ce dernier point, les ressources halieutiques sont incontestables et engendrent des conflits entre pêcheurs locaux et étrangers. Les ressources énergétiques et minières, comme pour les nodules polymétalliques dans les fonds marins notamment en Polynésie, sont source de convoitise. Tout cela crée des tensions, des tentatives d'appropriation de l'espace maritime, des militarisations locales et des rivalités. Actuellement, la zone de la mer de Chine devient un cas d'école. Depuis plusieurs années, la Chine revendique les îles de la mer de Chine méridionale, en amalgamant les notions d'eaux territoriales et celle de zone économique exclusive. Ainsi, au printemps 2012, les garde-côtes chinois sont venus protéger leurs pêcheurs sur le point d'être arrêtés par la marine des Philippines. Les tensions sont alors montées entre la Chine, les Philippines, le Vietnam ou encore la Malaisie.

La France n'est pas exempte de ces conflits. Une forte sécheresse ou l'utilisation intensive de cultures irriguées peuvent engendrer des disputent entre catégories d'utilisateurs. En cela, les conflits d'usage ne manquent pas. La Camargue oppose l'industrie du sel qui souhaite introduire de l'eau de mer et les agriculteurs qui veulent adoucir ces milieux avec un apport en eau douce. L'étang de Berre oppose les habitants qui veulent que l'étang redevienne marin et le concessionnaire de la centrale hydroélectrique de Saint-Chanas, qui dévie l'eau de la Durance et considère la première version comme purement mythique (Picon, 2009). La gestion de l'eau de la Lentilla, à l'ouest de la ville de Perpignan, a été pendant plusieurs siècles régulée. Les représentations de la ressource étaient similaires chez les acteurs locaux. Or, depuis quelques décennies, celle-ci pose un problème. Agriculteurs, nouveaux arrivants dans la région, amateurs de canyoning, pêcheurs sont en opposition frontale, et cet afflux de population aux représentations divergentes explique les difficultés de gestion de la ressource (Riaux & Richard-Ferroudji, 2009). Si la gestion de l'eau est un problème général, elle devient un enjeu territorial incontestable.

En conséquence, on peut constater que l'eau est à la base de nombreuses croyances mais aussi de multiples rituels que l'on retrouve aussi bien dans les cultures traditionnelles que dans les cultures modernes ou postmodernes. Or son utilisation pose aujourd'hui un certains nombre de difficultés à nos sociétés « aquavores » parce qu'elle est bien souvent perçue comme inépuisable. Elle est alors gaspillée lorsqu'elle n'est pas polluée. De plus, en entrant progressivement dans la logique du marché dont le système est souvent opaque, l'eau devient un objet de convoitise. L'eau s'immisce dans des conflits d'intérêts et dans des oppositions de forces. Mais l'eau est aussi un instrument de résistance et permet de ressouder les identités et les appartenances locales. Ainsi, si l'eau est source de vie, elle est aussi source de mort, et si elle est source de partage, elle est aussi source de partition.

Afin de compléter ces divers aspects, notre intention a été de porter notre regard ailleurs, sur d'autres espaces et d'autres territoires. Ayant réalisé plusieurs séjours en Polynésie et en Mélanésie, il nous semblait donc légitime de traiter de l'eau dans la zone du Pacifique Sud. Pour y regarder de plus près, nous avons demandé à des chercheurs en sciences humaines et sociales de participer à cet ouvrage soucieux de montrer que la question de l'eau, sous ses diverses formes, voire la gestion de l'eau, est une construction sociale, avant peut-être d'être une simple œuvre de génie civil. Trois parties constitueront donc l'armature de ce livre collectif.

Dans la première partie, intitulée *Des récits polynésiens sur l'eau à l'exploitation des ressources maritimes*, deux chapitres reviennent l'un sur certains mythes fondateurs et l'autre sur la mer en tant qu'objet de convoitise. **Christine Perez**, en tant que grande spécialiste du monde antique, propose des formes d'homologie avec la fantasmatique polynésienne. À partir de combats mythiques et titanesques, elle met en perspective le rôle des « nettoyeurs de monstres » dans la mise en scène du passage de la nature à la culture. Les héros comme Maui, Hiro, Tafa'i ou Rata affrontent là le tridacne géant, là le cochon Mo'iri, là encore l'oiseau Matutu, et deviennent des passeurs, des « intermédiaires entre le monde des dieux et celui des hommes ». Mais ces grands exploits, ces expéditions contre ces monstres, ces épopées, comme le présente l'auteur, sont en fait des éléments qui permettent de légitimer certaines formes de pouvoir et de justifier la colonisation de nouvelles îles « toujours plus à l'est ». La contribution de **Paul D'Arcy**, éminent connaisseur de l'histoire du Pacifique et de son environnement, engage sa réflexion sur l'exploitation des fonds marins en Océanie. Après avoir mis en évidence les tensions et les conflits socio-économiques relevant de l'histoire récente des pays insulaires, mais aussi certains désastres écologiques terrestres de cette région du monde, l'auteur porte son attention sur les ressources océaniques comme celles liées à la pêche. Toutefois, son exposé ne s'arrête pas là, puisqu'il insiste sur la volonté de mainmise sur les fonds marins du Pacifique devenant objet de tractations et de convoitise. Ainsi, les ressources sont quantitativement importantes (cuivre, or, nickel…), précieuses, commercialement viables, et leurs technologies d'extraction existent. Si ces éléments sont des sources potentielles de revenus pour les nations des îles du Pacifique, celles-ci ont peu de moyens pour les exploiter. Elles sont donc amenées à fournir des autorisations à des opérateurs externes, sans véritablement connaître les conséquences. Certaines compagnies minières sont déjà à l'œuvre dans cette compétition. Mais, en faisant un parallèle avec l'histoire de l'exploitation minière terrestre, des activités forestières et de pêche, Paul D'Arcy envisage des dommages écologiques imprévus, mais aussi de forts impacts sur les communautés locales.

Dans une seconde partie, intitulée pour sa part *De la portée magique de l'eau à la gestion des espaces marins*, deux chapitres mettent en évidence l'un des représentations contrastées, l'autre des contradictions juridiques et administratives. Le texte de **Jean-Luc Roques** se propose de mettre en évidence, dans un premier temps, quelques distorsions d'images. Une représentation quelque peu mythifiée, décrivant cet espace comme englobé par une eau éternelle, face à une réalité où cette ressource est pour le moins menacée par de multiples facteurs liés en grande partie à la modernité envahissante. Or, et cela dans un second temps, de manière paradoxale, il existe un appel à cette même modernité afin de réguler les problèmes. Cela en définitive n'engendre qu'un cercle vicieux. **François Féral**, en tant que parfait connaisseur du droit maritime, présente dans sa contribution une étude concernant le lagon de l'île de Moorea en Polynésie. Il montre que cette île est sous pression urbaine, économique et administrative, la capitale du territoire Papeete souhaitant la fonctionnaliser dans l'orbite de la ville. De son côté, le Plan de gestion de l'espace marin a pour objectif de réguler les usages du lagon. Toutefois, si le projet semble louable, l'auteur démontre pourtant qu'il accompagne la transformation du lagon en espace citadin et ludique. Les conséquences sont dès lors redoutables. D'une part, les représentations récréatrices du lagon s'imposent au détriment des conceptions vivrières et engendrent progressivement une dépossession des lieux pour les populations locales. Mais, d'autre part, la privatisation de cet espace marin s'accélère et entraîne une impossibilité pour les non-propriétaires, souvent les plus démunis, d'accéder au lagon et à ses ressources. Ces points, comme l'admet François Féral, renvoient à de multiples interrogations, et notamment sur le « devenir des sociétés du Pacifique bousculées par la mondialisation de l'économie et des modes de vie », mais aussi à des formes et des critères juridiques qui ne sont pas adaptés.

Dans une troisième partie nommée *Des rapports fusionnels à l'eau aux investissements hydrauliques surdimensionnés*, deux chapitres traitent des relations étroites entre des populations océaniennes et l'eau ainsi que des problèmes potentiels de gestion de la ressource. **Christian Coiffier**, en fin analyste de la Mélanésie, propose dans son chapitre une rétrospective poussée et imagée de la relation qu'entretiennent avec l'eau « deux peuples locaux » de la Papouasie-Nouvelle-Guinée. L'anthropologue met en évidence les liens particuliers, mythiques, esthétiques, voire charnels, qui unissent les Iatmul et les Sawos au fleuve Sepik. Véritable marqueur de leurs cosmogonies et de leurs cultures, les hommes et les femmes de ce territoire ont su s'adapter de manière constante aux contraintes et aux aléas de ce fleuve. Si les crues et les décrues sont attendues soit avec impatience et espérance, soit avec appréhension et peur, ces deux phénomènes rythment les modes de vie, les rituels, les économies ou les activités domestiques des habitants. L'eau est donc un élément central et un intermédiaire, le fleuve est bien un « lien entre les peuples de la région », même si l'auteur pointe çà et là quelques distorsions et tensions potentielles. **Raphaël Mapou**, en tant qu'acteur important mais aussi bon connaisseur du territoire de la Nouvelle-Calédonie, présente dans sa contribution son archipel, qui cumule des situations variées, notamment quand il s'agit d'évoquer la question très épineuse de la gestion de l'eau. Une présentation du problème est faite en introduction, avec l'histoire du peuplement, la géographie, la présentation de la population et des institutions, le statut de l'eau, les modalités de gestion et les différents enjeux. Sont évoqués ensuite les clivages idéologiques pesant sur la gestion de la ressource dans différentes communes. Vue sous l'angle de visions distinctes de la nature mais aussi des modalités de gestion de l'eau, la question sur une bonne gestion environnementale est posée. L'auteur montre que, dans une économie liée à la mondialisation et l'essor de la filière « nickel », l'eau est un vecteur privilégié des multinationales. Cela ne se passe donc pas sans contraintes pour les politiques publiques menées dans le secteur de la protection de l'environnement et du développement durable.

Bibliographie

Berger C. & Roques J.-L., *L'eau comme fait social : Transparence et opacité dans la gestion locale de l'eau*, Paris, L'Harmattan, 2005.

Berger C. & Roques J.-L., *La terre comme objet de convoitise : Appropriation, exploitation, dégradation*, Paris, L'Harmattan, 2008.

Berger C. & Roques J.-L., *Un monde de feu : Réchauffement environnemental et surchauffe sociale,* Paris, L'Harmattan, 2012.

Goubert J.-P., *La conquête de l'eau*, Paris, Robert Laffont, 1986.

Picon B., « Environnement, risques et développement durable », *In* Monaco A., Ludwig W., Provansal M., & Picon B., *Le golfe du Lion*, Versailles, Quae, 2009, pp. 135-150.

Riaux J. & Richard-Ferroudji A., « Gestion collective de la Lentilla », *In* Monaco A. Ludwig W., Provansal M., & Picon, B. *Le golfe du Lion* Versailles, Quae, 2009, pp. 43-62.

PREMIÈRE PARTIE

DES RÉCITS POLYNÉSIENS SUR L'EAU À L'EXPLOITATION DES RESSOURCES MARITIMES

« La mort de l'eau est plus songeuse que la mort de la terre : la peine de l'eau est infinie. »

Gaston Bachelard, *L'eau et les rêves.*

CHAPITRE I

L'EAU DU VASTE OCÉAN AUSTRAL

Lieu et enjeu des rites de probation héroïque.
Se « qualifier » pour assurer sa légitimité

Christine PEREZ

Devenir roi, être « investi » du pouvoir, passe par des épreuves « océaniques »

Dans la fantasmatique polynésienne, les héros Maui[1], Hiro, Tafa'i, Rata en particulier sont pour ainsi dire des « passeurs », des intermédiaires entre le monde divin, surnaturel, et le monde des hommes. Ils gardent un contact fondamental avec la mer. Ils y affrontent des monstres dans les fosses abyssales, comme le fameux tridacne, ce *pahua* (bénitier géant) qui avale tous les navigateurs ainsi que leurs pirogues hauturières. Les héros polynésiens trouvent de l'aide dans ce même élément marin, affrontent des ogres qui règnent sur des îles, des cannibales de toute engeance. Mais, dès que l'île, nouvellement découverte, passe de l'état de « nature » à l'état de « culture », c'est-à-

[1] C'est un des mythes les plus importants : Maui, son père, ses frères sont présents dans la mythologie de tous les archipels du triangle polynésien et largement au-delà. À ce sujet, Perez C., « Mythopoiétique et colonisation des îles et des archipels du grand océan austral : L'épopée des Maui des Tonga », *Dialogues d'histoire ancienne*, 24, 1, 1998, p. 185-270.

dire en communauté humaine organisée avec des « institutions » politiques, sociales et religieuses, c'est le résultat des actes héroïques de ces passeurs, « nettoyeurs des monstres » qui y détruisent les êtres humains. Généralement, les héros, leur mission accomplie, reprennent la mer soit pour retourner dans leur Hawaiki/Havai, leur île des origines, soit pour continuer leur entreprise de découverte qui est en même temps une entreprise de justification de la colonisation des différentes îles et différents archipels du Grand Pacifique austral. Les héros polynésiens parviennent à destination après de nombreuses péripéties, rentrent chez eux sains et saufs quand les dieux leur sont favorables et surtout quand ils ont prouvé qu'ils sont capables de conduire le destin de leur communauté. Le héros-passeur polynésien a donc toute latitude - car il fait aussi plaisir à ses dieux protecteurs « poliades » - pour s'élancer dans l'aventure de la colonisation des îles et archipels, toujours plus loin vers l'est. Et, en effet, les sphères de leur action progressent d'ouest en est, là où le soleil se lève.

1. Les rites de probation royale légitiment le pouvoir : le mythe de Rata à Tahiti

Dans les îles polynésiennes, la qualification est une des conditions de la prise du pouvoir. Le mythe de Rata à Tahiti mêle la symbolique de l'agôn et de la prise du pouvoir par abdication. Rata est enfant quand sa mère, d'une grande famille royale du Nord de Tahiti, devient régente : en effet, tous les rois précédents sont morts, avalés par un tridacne monstrueux, énorme mollusque appelé aussi *pahua*, qui aspire avec son énorme bouche, se referme, divinité marine se nourrissant des piroguiers qu'elle aspire. Le premier à être avalé fut le roi Tumu-nui, qui avait laissé la régence à son frère. Le régent monte à son tour sur le trône et doit obéir à l'exigence du *utu*, la vengeance, et surtout récupérer les ossements du roi défunt, son frère. Il fait construire avec tous les rituels nécessaires une grande pirogue hauturière. Le tridacne, par succion, engloutit aussi cette grande embarcation. Le jeune héritier au trône, Rata, est nommé roi, et sa mère régente pendant sa minorité, aimée et respectée pour sa sagesse et sa clémence. Elle refuse d'accomplir le *utu*, proclamant qu'il y a eu assez de morts, qu'il faut que son peuple vive enfin de la culture du sol afin de faire grandir ce que, dans l'épopée, on dénommerait avec la belle épithète homérique, de « beaux gars ». Nous retrouvons là toute la symbolique de la terre insulaire kourotrophe, dans la paix et la prospérité. *Rata*, comme tous les jeunes chefs, subit la *paideia*, apprend toutes les connaissances nécessaires au guerrier : les chants, l'art de la navigation et ceux de la guerre. *Rata* devient un jeune homme de taille gigantesque à la force inégalable. Mais il n'a pas encore fait ses preuves. Il décide alors qu'il faut restaurer le *utu,* aller tirer vengeance du grand tridacne et récupérer les ossements de ceux que ce bénitier monstrueux a engloutis. La régente décide d'abdiquer en faveur de son fils et de l'accompagner dans son entreprise. Mais, auparavant, il faut organiser une solide expédition, ce qui suppose une épreuve de qualification, d'abord pour son fils, ensuite pour sélectionner les meilleurs guerriers devant participer à l'expédition contre le mollusque monstrueux, ce qui ne va pas sans rappeler la série des *agônes* qui précèdent le départ de Jason, afin de sélectionner les cinquante meilleurs héros de la Grèce. La régente fait la déclaration suivante :

> « Voici maintenant ce que j'ai à vous dire : maintenant que notre pays est repeuplé, organisons une chasse au cochon sauvage en divisant les clans, Hiti-uta et Hiti-tai d'un côté, et Pe'eai et Papa-honu de l'autre. Vous poursuivrez les cochons sauvages et nous pourrons éprouver ainsi le courage des hommes des différents clans, afin de choisir ceux qui seront capables de se distinguer... Mais s'il ne se trouve pas d'hommes capables, nous abandonnerons ce projet et resterons ici.
> Ô clans ici présents, que dites-vous de ma proposition ?
> Nous sommes d'accord. Ce que vous dites est très juste, ô Princesse Régente. Que la nouvelle génération montre ce dont elle est capable. Nous avons travaillé la terre, nous avons cultivé la nourriture et nous avons eu de nombreux enfants. Soyons maintenant courageux et forts pour réussir dans cette entreprise » (Henry, 1988).

Rata, le roi géant, est enthousiasmé. On fixe le jour de la chasse après laquelle on devra fêter l'investiture de Rata. Mais la déception est grande quand Rata se fait intimer l'ordre de ne pas participer à la chasse. En tant que roi, il doit seulement la présider. Sa mère lui recommande de garder son sang-froid car vu sa force, d'un coup de main, il peut tuer ou estropier quelqu'un et perdre ainsi tout son prestige de roi. Rata rassure sa mère et accepte d'arbitrer avec elle. Le jour arrivé, dans la fraîcheur du matin, les jeunes des différents clans se rendent au terrain de réunion, les deux groupes mentionnés par la régente de chaque côté du terrain, et on amène les cochons à longues défenses que l'on avait capturés dans la montagne quelques jours auparavant. Un cochon est lâché mais, affolé, demeure immobile puis s'enfuit vers l'intérieur du pays. Les deux camps se précipitent à sa poursuite. Le camp de Hiti-uta et de Hiti-tai réussit presque à attraper le cochon mais il leur échappe et s'enfuit dans les bois. Le camp de Pe'eai et de Papa-honu le poursuit jusque dans la mer après que les autres lui ont fait rebrousser chemin. Mais il s'échappe de nouveau. Rata, malgré les supplications de sa mère, perd alors tout contrôle, il rejoint son camp favori et se met à frapper les adversaires qui essaient d'attraper le cochon qui, mouillé, glissant, cherche à traverser la foule. C'est la fin tragique d'une chasse au cochon où l'animal repart dans la forêt, mais après laquelle on compte de nombreux morts et de nombreux blessés. Le roi demeure atterré, accablé de honte et de remords, sa mère lui faisant des reproches baignés de larmes :

> « Pourquoi as-tu tué tous ces gens ? Est-ce là la promesse que tu me fis de ne pas te mêler à la chasse au cochon ? Vois ton père et tes oncles qui furent tués par leurs ennemis de l'Océan, ils étaient des princes dignes de leur pays (...) ».

L'expédition est annulée, la régente et la douairière partent dans leur famille dans une île de l'archipel des Tuamotu. Le mythe évoque toutes les escales sur différents atolls de ce grand archipel avant d'arriver à Hiti-au-rereva (Pitcairn) où vit la fille de la régente. Mais bientôt, devant l'immense chagrin de Rata, les gens du clan dont les champions ont été tués ont pitié de lui, ils l'aident même à construire une grande pirogue hauturière, en respectant scrupuleusement tous les rituels et les incantations nécessaires, pour aller venger ceux qu'ils ont perdus depuis longtemps. Le mythe s'attarde longuement sur l'aide qu'il reçoit même des dieux pour trouver les arbres adaptés et pour que le travail se fasse le plus rapidement possible. L'embarcation terminée, le grand prêtre la baptise Va'a-i-ama (Pirogue-qui-brûla) en anticipation d'événements futurs. Rata réunit les meilleurs guerriers, les plus courageux et les plus expérimentés. Au jour prévu, de bonne heure, des offrandes de poissons et de corail sont apportées au *marae* des *atua* (divinités) du *fenua*, la terre insulaire, et de longues banderoles de *tapa* sont jetées sur les vagues pour les *atua* de l'océan qui, pour témoigner de leur satisfaction, font apparaître de grands requins. C'est le dernier rite à observer avant le départ. Ce rite s'accompagne de prise d'« auspices » : les présages, fastes ou néfastes, sont soigneusement notés par le grand *tahua* (prêtre) royal et les guerriers. Rata parviendra-t-il à triompher des dents de la mort, du symbole féminin sexuel cannibale, le tridacne, qui engloutit grandes et petites pirogues ? Le héros et ses hommes ne rencontrent aucun monstre jusqu'au jour où ils se sentent irrésistiblement attirés par une force qui n'est autre que le tridacne géant, grand ouvert sur l'horizon et guettant sa proie. Le bénitier est de taille monstrueuse. Une valve colossale se découpe dans le ciel, l'autre baigne dans les eaux. Mais les guerriers de Rata, avec leur roi, enfoncent leurs lances sur les côtés, pour séparer la chair du mollusque de sa coquille, et découpent le monstre en morceaux. Cela leur permet de retrouver dans ses entrailles une montagne d'ossements et, surtout, la mère de Rata avec ses serviteurs que le monstre venait d'engloutir, car sa mère, souffrant d'être éloignée de son fils, avait décidé de rentrer, de quitter Pitcairn. Les guerriers détachent donc la vasque fatale de son support récifal au milieu de l'océan. On porte les corps encore chauds de la mère de Rata et de son équipage sur la pirogue ; ils ne sont pas tout à fait morts. Rata prend sa mère dans ses bras et implore les dieux. Ta'aroa, dans un mouvement de grande générosité, leur rend la vie. C'est un grand bonheur, mais aussi un grand malheur de ne pas pouvoir ressusciter les autres. La pirogue du bon géant regagne Tahiti, mais il en repart très vite pour libérer l'océan du serpent de mer de Hereheretue (Tuamotu) de plusieurs autres monstres des hauts-fonds.

En effet, de retour à Tahiti, on dépose les ossements dans le terrain consacré ; Rata a expié sa faute, s'est requalifié pour prendre le pouvoir dignement, mais il juge insuffisant cette expiation. Aussi, avec les guerriers les plus valeureux, repart-il détruire les autres plaies de l'humanité dont il a entendu parler. C'est d'abord un autre monstre marin appelé le grand Ahifa-tu-moana ; après un combat acharné, Rata et ses compagnons le tuent et confinent son esprit au Royaume des Ténèbres. Puis ils se mesurent à deux autres démons marins qu'ils détruisent complètement, corps et âme. C'est alors qu'un immense oiseau noir aux ailes étendues, au regard féroce et aux cris sinistres fond sur eux. Le Soleil se trouve alors éclipsé par la fuligineuse envergure de l'oiseau Matututa'ota'o (tête-d'une-noirceur-extrême), qui appartient à l'ogre Puna, de l'île de Hitimarama. Les guerriers s'écrient : « Nous sommes perdus ! » Mais le grand prêtre d'un ton rassurant s'écrie : « C'est le démon Matutu-tao-tao, oiseau du roi-ogre Puna de Hiti-marama (Bord- de-Lune) ; il va sûrement mourir des mains des guerriers de Tahiti. » Ces paroles encouragent les guerriers et, au moment où l'oiseau s'élève, le bec et les griffes ouvertes pour fondre sur Rata qui se tient prêt à l'arrière de la pirogue, le roi enfonce sa lance dans la gorge de l'oiseau. Les lances des autres guerriers ont tôt fait de lui briser les ailes et lui percer le cœur. De son bec s'échappe un crâne humain qui, d'une voix intelligible, déclara être un *metua* (proche parent) de Rata, victime de l'oiseau quelques années auparavant, tandis que sa femme vit toujours captive dans la maison de l'ogre-roi Puna. Dans la version des Tuamotu, c'est la mère de *Rata* qui est prisonnière de l'ogre-roi. Rata prend grand soin du crâne en l'enveloppant dans un *tapa* souple et le place dans un panier qu'il dépose dans la maison du dieu, un petit *marae* flottant, installé sur la pirogue.

Les guerriers découpent l'oiseau-monstre, et le *tahua* le consacre aux *atua* de l'océan, demandant au puissant « Oro-pa'a » en particulier (Guerrier intrépide), un des dieux de l'océan, de le garder loin de la surface de la Terre. Le géant met alors le cap sur la merveilleuse île haute du roi Puna dont le lagon reflète Lune et Soleil. Les Tahitiens sont bien accueillis dans un premier temps, mais c'est une des nombreuses fourberies de Puna qui fait incendier leur maison d'accueil sur le rivage : la pirogue est entamée par les flammes et c'est un rêve prémonitoire de Rata qui sauve la pirogue et l'expédition. À ce moment du récit, on a l'impression d'être avec Ulysse et ses compagnons, découvrant les îles-pièges des Lestrygons, des Cyclopes, des magiciennes Circé et Calypso, l'île du Trident... En effet, la description qui est faite de l'île de l'ogre-roi est d'un pur style « odysséen », celui des descriptions des îles hautes, circulaires et verticales (Perez, 2005). L'île de l'ogre-roi est une île merveilleuse. Le rivage est couvert d'une végétation abondante et, au loin, on peut voir une montagne en forme de cône dont le sommet est toujours dans les nuages ; de sa base partent de nombreuses rivières qui arrosent les régions environnantes. Avec la marée de midi, les Tahitiens pénètrent dans un lagon calme et spacieux, qui sert de miroir au Soleil et à la Lune, à leur lever et à leur coucher ; bientôt, tous les habitants accourent pour voir cette étrange pirogue qui vole sur l'eau avec des ailes ; en effet, les habitants de l'île ont des petites pirogues à pagaie, mais ne connaissent pas la voile.

Les Tahitiens sont autorisés à réaliser l'acte essentiel pour les insulaires : tirer la pirogue au sec loin du rivage et de la houle menaçante. On leur offre des victuailles. La pirogue est bien à l'abri sous un grand arbre près duquel il y a une petite maison qu'on leur prête. Les

Tahitiens se retirent pour s'y reposer. Alors que ses compagnons sont dans un profond sommeil, Rata entend en rêve des esprits le prévenant de se tenir sur ses gardes. C'est un autre Ulysse, au milieu de ses compagnons, prêt à réagir face à une embuscade. Il se réveille et aperçoit des hommes du roi avec des torches qui mettent le feu à la maison et s'enfuient. Rata et ses guerriers ont tout juste le temps de préserver leur pirogue dont un côté est déjà noirci par le feu. À l'aube, les incendiaires viennent prendre possession de l'embarcation, croyant trouver tous les Tahitiens morts, mais en voyant Rata en vie, ils s'enfuient pour prévenir leur roi, craignant d'attaquer de front le géant Rata et ses guerriers intrépides « aux lances habiles » (véritable épithète homérique s'il en est !).

La suite de l'odyssée de Rata, on la trouve dans la tradition orale des Tuamotu. Dans cette version, le roi Puna fait construire sur le champ une maison à côté de la pirogue. Il envoie sa fille Tu-maofe (Élégante-Tige), fort belle, pour demander à Rata d'en prendre possession. Rata y est conduit par la belle princesse, prenant soin d'emmener sa lance avec lui. La princesse ainsi que les jeunes nobles du royaume reçoivent de Puna l'ordre d'organiser une fête pour le jeune héros qui, dans la version des Tuamotu, est seul à bord. Les habitants de l'île sont stupéfaits de voir ce navire avec ses grandes ailes, mais s'étonnent davantage lorsqu'ils reconnaissent les grandes plumes noires qui le décorent de partout : ce sont celles de l'oiseau monstrueux de leur roi ! Le mythe précise que des dieux invisibles l'ont aidé à la manœuvre. La fête dure fort tard, Rata s'endort. La princesse admire le jeune homme, elle contemple son beau corps endormi, sent qu'elle s'attache à lui et s'écrie : « Quelle pitié de vous voir mourir, beau jeune homme ! » Et, en fille obéissante, elle rentre chez le roi son père avec ses compagnons. Mais Rata n'est pas endormi : il attend patiemment les assaillants ; il les entend barricader la porte et mettre le feu à la maison. Il enfonce alors sa lance dans le sol le long d'un poteau central, puis grimpe jusqu'au toit et y fait un trou par lequel il s'échappe, tirant sa lance avec lui. Alors que Puna et son peuple se réjouissent de l'incendie, Rata se laisse glisser le long d'une branche d'un grand arbre et se réfugie dans sa pirogue qui commence à sentir le roussi. Puna décide que la pirogue lui appartiendra le lendemain ; son peuple ne se résout pas à s'éloigner de cette embarcation extraordinaire, d'où leur stupeur et leur fuite en voyant le jeune homme assis dans sa pirogue. L'épisode suivant dans cette

« épopée » raconte comment Rata s'installe quelque temps dans l'île de Puna. On le voit aller ramasser des *tupa* (crabes de terre), les consommer dans sa pirogue, aller à la pêche hauturière, sur un haut-fond de rochers et d'algues qui grouille de poissons. Les rochers sont hérissés de pointes où les oiseaux de mer ont élu domicile. Une caverne béante abrite les dieux marins protecteurs de Puna. On jette l'ancre. L'hameçon de Rata se met à filer vers la terre ferme : le géant tire, tire, mais en fait c'est lui qui est halé avec sa pirogue. Les voilà bientôt sur la barrière de corail, dans la passe, à l'intérieur du lagon, à l'ombrage préféré des oiseaux. Et c'est un gros coq blanc qui tire l'embarcation merveilleuse ! C'est le coq blanc de Puna, qui a avalé l'hameçon, mû par les dieux protecteurs de Rata. Rata en fait ensuite son repas.

Ces tableaux « bucoliques » nous livrent nombre de renseignements sur le mode de vie et de subsistance des insulaires. Mais le temps passe, et Rata n'a pas encore trouvé le moyen de pénétrer dans la maison du roi où sa pauvre mère (dans le mythe des Tuamotu) sert cruellement de piédestal pour la reine, dont Rata commence à aimer la fille. Mais il lui faut se venger, toujours le *utu*, et il dresse un plan d'action. Il parvient jusqu'au gouffre de la montagne, brise la petite ouverture qui permet de laisser entrer le soleil, ce qui désorganise l'armée de chauves-souris qui y vient avec d'autres monstres ailés. Il les élimine très vite et les autres se réfugient très loin, hors de la portée des hommes. Il prend ensuite sa pirogue merveilleuse, que le roi Puna n'a jamais osé toucher, pensant qu'un démon s'en était emparé suite à la relation de ses gens ayant déclaré avoir vu Rata assis dans son navire. Il sort du lagon, fait semblant de quitter l'île définitivement. Il reste deux jours hors de vue, puis les dieux tahitiens qui l'assistent depuis le début de son périple initiatique soufflent un vent très fort qui fait grossir la mer. À minuit, Rata pénètre dans la baie du rivage extérieur, toujours soutenu par ses dieux protecteurs. Il se rend au palais du roi qu'il attache à une colonne usée en son milieu, tellement il y a eu de cordes solides et nombreuses qui y ont fixé les victimes destinées à la table du roi, et Rata le transperce sans que les autres habitants de la maison royale s'en aperçoivent. Il se dirige ensuite vers sa mère dont il distingue le corps renversé dans la pénombre. La pauvre femme, complètement aveugle, pensait qu'elle allait être cuite et mangée. Quand son fils se fait connaître, elle ne peut imaginer que c'est vrai. Il conduit sa mère à la rivière royale pour qu'elle s'y baigne tant elle est couverte de boue, et la vêt du *tapa* royal pris chez le roi. Après quoi il la porte dans sa pirogue. Peu de temps après, le vent et la mer deviennent furieux et engloutissent à jamais cette île maudite. La tempête se déchaîne grâce à Tinorua et aux autres *atua* de l'océan et des profondeurs, l'île est noyée, cône volcanique compris. Ne surnagent alors que les cinq îlots cernés par le récif de la Minerve, pointe extrême-orientale des Tuamotu-Gambier. Il s'agit là encore d'un mythe étiologique des particularités géographiques de l'organisation archipélagique mais, en même temps, n'est-ce pas la confirmation de l'utilisation du second alignement insulaire pour pousser vers l'est ? Les Tahitiens retournent vers les hauts-fonds et découvrent l'antre des monstres marins de Puna. Ils l'obturent, et cela, malgré la résistance de poissons-gardiens (des Cerbère marins !) dont le *tahua* envoie les esprits rejoindre l'ogre et son peuple à Hitimarama, l'île noyée par les flots marins.

Rata devenu un héros rentre dans son pays. Ses anciens compagnons de jeux reconnaissent sa nature héroïque et le louent d'avoir débarrassé les îles de tant de monstres. La tête paternelle, conservée dans le tapa magique, devient un oracle familial. Rata épouse la fille de Puna, alliance qui efface toutes les rivalités passées et devient étiologique des relations puissantes qui se sont nouées entre Tahitiens et Paumotu. La veuve du roi Puna et sa fille sont reçues avec de grands égards. Elles se plient rapidement aux coutumes de leur nouveau peuple, mais pleurent leur île et leur peuple maintenant engloutis. Rata épouse donc la princesse Tu-maofe, adorée des populations du Nord de Tahiti pour sa douceur et sa bonté. On trouve des variantes de cette épopée héroïque jusqu'aux Samoa et aux Fidji ; ce mythe a pris le chemin inverse de celui des Maui. Pour les Maui, d'ouest en est. Pour Rata, d'est en ouest. Ce qui frappe dans ce mythe, c'est cette dualité caractéristique des divinités polynésiennes : des dieux « locaux », invisibles. Ils aident *Rata* depuis la décision de la construction de sa pirogue jusqu'à son retour ; de l'autre, il y a individuation bien visible : les dieux s'incarnent dans la personne du géant-roi. Les dieux souverains, comme Ta'aroa ou Tangaroa, gouvernent le destin de la collectivité, et principalement, aux îles de la Société, un dieu de la guerre et de la fécondité, 'Oro, dont le culte de connaît une réelle diffusion à partir de Raiatea ; ces grands dieux n'ont rien à voir avec les ancêtres lignagers protecteurs directs des rois régnants. Mais si ce sont des dieux secondaires que l'on voit intervenir au côté de Rata tout au long de son « épopée », il n'en reste pas moins que les grands dieux de la communauté sont aux sources des lignages aborigènes ; les dieux souverains appartiennent à la communauté tout entière, à tous les gens du district, de la chefferie, c'est-à-dire même aux chefs locaux qui ont été écartés du pouvoir, groupe au sein duquel se recrutent les desservants investis par la puissance divine, au moment des cérémonies. La souveraineté n'échappe pas aux contradictions de la position de Rata, et rares sont les grands chefs qui ne périssent pas de mort violente. Rata, dans la version paumotu du mythe, s'en va explorer des régions inconnues, des « ailleurs lointains », des eschatiai lointaines. Le mythe paumotu raconte qu'il ne rentra jamais à Tahiti et que, pendant de longues années, les navigateurs, de temps à autre, apercevaient le géant voguant avec ses ancêtres dans sa pirogue qu'il était impossible de rattraper. Il aurait rencontré un autre héros tahitien, Hiro, le « voleur d'îles » appelé ainsi car « baptisé » du nom du dieu des voleurs, mais dont la destinée est de devenir un voleur d'îles par la ruse bien sûr. C'est aussi un géant. Hiro, dans le mythe de Rata, lui aurait sauvé la vie. Pour le remercier, Rata lui aurait fait présent de sa pirogue débaptisée pour prendre le nom de Va'a-i-utia-mai (Pirogue-qui-fut-tirée-en-arrière). Le nom de Rata apparaît encore dans l'histoire de la Nouvelle-Zélande parmi les noms des chefs constructeurs des fameuses pirogues de l'expédition Arawa par laquelle les premiers émigrants polynésiens vinrent se fixer dans la Nouvelle-Zélande du Nord. Les héros/démiurges/fondateurs/circumnavigateurs sont légion dans les mythes polynésiens. Rata, Tafai, Hiro, Maui... sont les plus représentatifs.

Ce qui peut frapper, quand on les compare à leurs « homologues » antiques, c'est leur parfaite maîtrise de l'élément marin et des terres insulaires qui légitime leur supériorité. Les héros polynésiens gardent toujours une parfaite maîtrise de ce qui est l'élément essentiel de survie dans un univers archipélagique aussi clairsemé : la pirogue. Le héros polynésien possède aussi la *mètis*, comme les Grecs du monde mycénien ou de l'aventure coloniale, comme Maui aux mille tours (Kisiki, Ti'i Ti'i), semblable à Ulysse « aux mille tours ». Le héros grec, comme le Polynésien, doit savoir choisir la route et, quand il le peut, aller directement, plutôt qu'au grand large, d'île en île. Seul un signe des dieux l'invite à couper par le *moana nui*, le « grand large ». Cela permet de voyager plutôt de jour, de mettre la nuit le bateau dans un bon mouillage, avec éventuellement une aussière à terre. Si l'on appareille au coucher du soleil, c'est pour profiter des brises de terre qui s'élèvent sous l'effet du refroidissent et soufflent de la terre vers le large. La mort en mer est une mort solitaire, sans gloire, sauf dans le cas où l'on intègre le corps d'un grand cétacé ancestral. Celui que la mer emmène dans les hauts-fonds ne reçoit pas les rites funéraires appropriés ; il n'appartient plus au monde d'en haut, mais peut-il appartenir au monde d'en bas, celui du Pô polynésien ? C'est ce qui explique la finalité du mythe de Rata : récupérer les ossements de ses parents et de ses ancêtres, avalés par le tridacne géant, et rester un héros, car les héros restent vivants même après leur mort.

2. Les épreuves de probation héroïque et la « saga de la pirogue »

Rata, Hiro, Pa'i, Tafa'i, sont tous des héros embarqués dans des « travaux » où ils doivent triompher de monstres et de l'océan : ce sont là des mythes étiologiques de la « civilisation de la pirogue ». Le principe vital du *moana nui*, est quasi consubstantiel aux effets de la création. Même le héros est dans l'obligation de veiller au respect scrupuleux des domaines réservés aux dieux, de leurs prérogatives, sous peine de devoir payer le prix fort.

2.1. Hiro

La mésaventure du héros Hiro donne un « terrible » témoignage du prix à payer :

> « Un jour Hiro décida d'aller voir ses parents à Ra'iatea. Il construisit une grande pirogue en cousant des planches ensemble et la baptisa Pahi. À l'arrière, il érigea un autel sur lequel il plaça des aliments de choix pour les dieux. Il proposa à ses quatre demi-frères de former l'équipage et par un matin de beau temps partit en direction de Ra'iatea. Arrivé en haute mer, Hiro décida de dormir un peu. Auparavant il avait prévenu ses frères de ne pas faire de mal aux oiseaux qui pourraient se poser sur la pirogue car Manu-Tane (Oiseau-de-Tane) risquait d'être parmi eux, et les ennuis les plus graves s'ensuivraient s'ils tuaient le superbe oiseau rouge du dieu. Hiro s'endormit et de nombreux oiseaux ne tardèrent pas à survoler l'embarcation. Les frères se saisirent de pagaies et se mirent à les frapper. Ils en abattirent plusieurs dont Tanemanu qui tomba inanimé sur l'autel. Bientôt une terrible tempête se leva et Hiro se réveilla en sursaut. Il comprit ce qui venait de se passer. Il fit aussitôt amener les voiles et, grâce

à son pouvoir, réussit à apaiser la tempête. Hiro surveilla la navigation, mais il ne pouvait plus lutter plusieurs jours de suite contre le sommeil. Chaque fois qu'il s'endormait, la tempête se levait à nouveau. Bientôt une vague encore plus forte que les autres envoya la pirogue par le fond. C'est alors que Tane-ma'o (Requin-de-Tane) arriva et réclama en offrande trois des frères de Hiro pour apaiser la colère du dieu Tane. Il les avala tout entiers, sans vouloir écouter les supplications de Hiro. Alors Tane apaisé fit venir les ajusteurs pour réparer la pirogue et les écopeurs pour la vider. Ils firent remonter la pirogue à la surface de la mer et disparurent. Et Hiro reprit son voyage vers Ra'iatea » (Favre, 1991, p. 23).

La mésaventure de Hiro[1]

Magnifique mythe étiologique de la nécessaire obéissance au respect des interdits ! Magnifique exemple du fait que formes et pratiques de pouvoir sont induites, conditionnées, gérées par des formes et des pratiques de discours spécifiques. C'est le monde merveilleux de la pensée qui explique la création de l'univers, de sa flore, de sa faune, de sa géographie, la création de l'homme, sa position dans le temps,

[1] Gravure sur bois, avec l'aimable autorisation de reproduction de l'auteur. Favre J.-F., *Légendes polynésiennes*, 1991, p. 24.

dans l'espace, dans la société... La désobéissance aux lois préétablies par les dieux au moment de la création du monde est génératrice de troubles, de dysfonctionnements et de malheurs. Même les héros/demi-dieux doivent s'y conformer.

La *saga* de la pirogue nous entraîne dans des *res gestae* étonnantes, où l'on passe d'île en île, mythes étiologiques encore du maillage archipélagique, qui nous emportent jusque dans les entrailles brûlantes parce que volcaniques de la terre insulaire, générant une prodigieuse ivresse des profondeurs ; ce sont des épopées « optimistes » qui invitent à surmonter tous les dangers. Les épreuves les plus fréquentes sont des remorquages d'îles : le plus souvent, les îles sont remorquées à partir d'autres. Maui, entre autres, aurait ainsi rapproché l'île nord de la Nouvelle-Zélande de l'île sud. Hiro aurait fait de même pour l'île de Tahaa vis-à-vis de Raiatea, et de Moorea vis-à-vis de Tahiti. Cependant, il faut noter que ces entreprises de remorquage n'aboutissent que très rarement. Presque toujours le fil de la ligne casse avant l'arrivée, et l'île remorquée reste dans une position bâtarde. Comme s'il était possible de diminuer l'éloignement sans pour autant pouvoir annuler l'insularité par l'agrégation des îles.

2.2. La montagne percée de Moorea : *Hiro* et *Pai*

> « Une nuit, Hiro (Tricheur, dieu des voleurs) et sa bande de voleurs, venant de Rai'atea, arrivèrent à Eimeo (Mo'orea) pour voler le mont Rotui (Qui-expédie-les-âmes). Ils attachèrent de longues lianes au sommet de la montagne et commencèrent à la tirer. Ils réussirent à détacher cette portion de l'île, comme en témoignent encore les deux baies. Pai, qui se trouvait à Punaauia, fut réveillé par ses parents adoptifs qui venaient de voir cette scène en songe. Pai alors se leva, gravit la colline Tata'a et jeta sa lance sur Mo'orea. Après avoir traversé la mer, il perça un grand trou dans un sommet, connu depuis sous le nom de Mou'a-puta (Montagne-percée). Continuant son chemin comme un météore, la lance arriva dans le Sud de Raiatea et se ficha dans le sommet d'une colline restée échancrée depuis. Les coqs de Mo'orea, réveillés par les vibrations de la lance, se mirent à chanter de tous côtés, ce qui incita les voleurs à s'enfuir au plus vite, craignant le lever du jour. Cependant, Hiro et sa bande réussirent à arracher, sur les flancs du Rotui, une colline en forme de cône qu'ils emmenèrent à Rai'atea et qu'ils installèrent non loin du rivage de Opoa. Cette colline s'y trouve toujours. Elle est couverte de petits toa, arbres de

fer, semblables à ceux du mont Rotui et contrastant étrangement avec la végétation environnante » (Favre, *op. cit.*, pp. 27-28)

Hiro et Pai : la montagne percée de Moorea : c'est la lance de Pai qui est responsable du trou visible, de nos jours encore, à son sommet. Dans d'autres variantes du mythe, le responsable est Hiro, le voleur d'îles, qui, avec sa lance et une longue corde en bourre de coco tressée, entreprit de capturer en enfilade Moorea, Tahiti et Maiao notamment.

Il s'agit là, encore, d'un mythe étiologique des *res gestae* d'un héros épique, mais aussi d'une spécificité géographique et végétale. Tous les composants de la structure du mythe, visant à prouver sa pérennité, sont sollicités à savoir les formules du type « connu depuis », « s'y trouve toujours », « comme en témoignent les deux baies », « restée échancrée depuis »… Le héros Hiro, confondu avec le dieu du même nom[1], est omniprésent dans les récits d'exploits qui constituent tous des mythes justificateurs de particularités géographiques dans les îles de l'archipel de la Société.

---

[1] Sur le mythe de *Hiro*, textes à l'appui, voir Henry, *op.cit*, p. 551-602.

« Géographie » des exploits de Hiro

2.3. Tafa'i et l'épreuve du javelot

Il s'agit là d'un des nombreux mythes étiologiques des relations parfois difficiles qui se sont instaurées entre ces cousins germains que sont les Tahitiens et les Hawaïens, bravant le grand océan pour réaliser des unions fructueuses :

> « Te-'ura-i-te-ra'i (La-rougeur-du-ciel) était une merveilleuse princesse des îles Hawaï, qui cherchait à épouser quelque vaillant héros. La nouvelle arriva jusqu'à Tahiti, et Ta-fa'i (Par-révélation) et ses cinq cousins décidèrent d'aller briguer sa main. La famille royale de Hawaï reçut très aimablement les jeunes Tahitiens qui venaient s'offrir à la princesse. Le roi décida de mettre leur courage à l'épreuve. Le jour venu, Tafa'i et ses cousins revêtirent leurs habits de chef et s'armèrent de javelots. Ils devaient tuer le fameux cochon Mo'iri (Avaleur-entier), monstre qui dévorait les gens et dont la réputation était parvenue depuis longtemps à Tahiti. Lorsque la bête bondit hors des bois dans un nuage de poussière, le premier Tahitien lança son javelot qui rebondit sur l'épiderme épais du cochon. Il voulut alors lui prendre les pieds et le renverser, mais il fut aussitôt avalé.Tous les autres subirent le même sort. Quand ce fut le tour de Tafa'i, celui-ci plongea son javelot dans la gueule du cochon au moment même où il allait être avalé ; une terrible lutte s'ensuivit, dont Tafa'i sortit victorieux. Aussitôt il fit dépecer Mo'iri et en sortit ses

cousins qui revinrent à la vie. Tafa'i fut reconnu sans conteste comme le plus grand héros que Hawaï eût jamais vu. Alors le roi s'avança, tenant sa fille par la main. La stupéfaction fut grande lorsque le héros refusa la princesse et, parlant en son nom et au nom de ses cousins, déclara :
« Et maintenant adieu, nous allons rentrer dans notre pays.
Alors les Hawaïens comprirent qu'ils avaient gravement offensé leurs hôtes en leur imposant cette épreuve. Les Tahitiens rentrèrent chez eux et décidèrent de choisir dorénavant leurs épouses à Tahiti, où vivaient également des jeunes filles d'une incomparable beauté. »

Tafa'i et son javelot[1]

L'histoire se poursuit donc à Tahiti. Dépositaire du divin, le chef/prêtre expert en tradition est la vivante interprétation du souci éminemment politique de préserver la semence immortelle d'un contact fatal avec les hommes et les femmes. Le chef/prêtre, qui maîtrise la reproduction du clan en confisquant le ventre féminin à même de l'assurer, est comme un îlot divin, comme un talisman durable qui maintient le principe vital, mais aussi comme les pierres du four terrestre

[1] Texte et image dans Favre, *op. cit.*, p. 41-42.

qui empêchent la nourriture d'entrer en contact direct avec le feu. À Tahiti, c'est Tafa'i qui vient à bout des excès féminins et fait tout rentrer dans l'ordre en opérant une victoire sur la femme et sur la mort :

> « Tafa'i épousa une belle et jeune cheffesse du Nord de Tahiti appelée Hina. Elle était connue pour ses magnifiques cheveux noirs qui descendaient jusqu'à ses pieds. Leur attachement l'un pour l'autre fut long et durable. Mais Tafa'i n'hésitait jamais à aller où le devoir guerrier l'appelait. Au retour d'un long voyage, il eut la douleur de trouver sa femme Hina morte. Son corps, encore chaud, était étendu sur un autel du *marae* ancestral, gardé par les prêtres de la famille. Tafa'i décida de rattraper son esprit avant qu'il n'arrive chez les dieux. Il bondit dans sa pirogue pour atteindre Pa'ea, lieu de rassemblement des esprits avant leur voyage vers les Ténèbres. Il y arriva à la tombée de la nuit et apprit que l'esprit de sa femme était déjà parti pour Mo'orea sur le mont Rotui (Qui-expédie-les-âmes).
> Il s'y précipita mais constata, là aussi, que sa femme était déjà partie pour le mont Te-mehani (La-chaleur) à Ra'iatea. Là se trouvaient deux sentiers, l'un montait au Rohutu-no'ano'a (Paradis-au-doux-parfum) et l'autre descendait vers le royaume des ténèbres, Pô. La lune se couchait lorsque Tafa'i arriva en ce lieu. Il y trouva le dieu Tu-ta-ho-roa (Debout-pour-permettre), gardien de l'accès des deux sentiers. Sur ses conseils, Tafa'i se cacha dans les buissons et, lorsque Hina passa devant lui, il la saisit par les cheveux. Hina se débattit vigoureusement, car elle se réjouissait de se rendre dans le monde des esprits ; mais son mari tint bon.
> Après avoir entendu Tutahoroa lui dire que son heure n'était pas encore venue, Hina décida de rentrer avec Tafa'i. De retour à Tahiti elle réintégra son corps qui était encore en parfait état.
> Toute la population admira beaucoup le grand pouvoir de Tafa'i qui s'était montré plus rapide que les dieux et avait réussi à vaincre la mort. »

La « catabase » de Tafa'i[1]

Cette histoire implique un héros, une femme fatale et sa déviance - elle a envie de rejoindre le Pô - de même que toute la communauté devant laquelle le héros/chef/prêtre Tafa'i vient de se qualifier. La femme et les entrailles de la terre sont de nouveau sollicitées pour désigner un danger majeur. Mais Tafa'i sort vainqueur et renforcé par sa lutte contre des éléments marins déchaînés pour rejoindre le monde des morts. Ce mythe est évidemment étiologique de la nécessité d'encadrement du danger féminin.

[1] Favre, *op.cit.*, pp. 43-45.

3. Tangata Manu, l'Homme-Oiseau de Rapa Nui, investi du pouvoir suprême par Make Make

Make make est le dieu suprême de Rapa Nui, mais il semble cependant issu, lui aussi, de l'œuf originel de Ta'aroa, ou Tangaroa, selon les archipels polynésiens. Cet homme-oiseau de Rapa Nui, sa célébration constitue la plus grande fête religieuse de l'île, la seule sur laquelle il existe des détails circonstanciés, intimement liée au culte du dieu Make Make. Le long drame mystique qui se joue chaque année sur les falaises d'Orongo n'a pas seulement une grande portée religieuse : il affecte profondément la vie sociale de l'île et la hiérarchisation de la société, en nommant, « pour une année », un roi-dieu tout-puissant. La découverte et la possession du premier œuf de manu tara (hirondelle de mer), pondu sur l'îlot Motu-nui, sont l'objet de ces rites qui se répètent chaque année - cycle végétatif oblige et soulèvent chaque fois les passions les plus violentes.

M*anu tara* (hirondelle de mer)

L'enjeu peut sembler disproportionné par rapport à la somme d'efforts déployés pour atteindre le premier œuf pondu par le manu tara et aux dangers encourus par ceux qui convoitent ce « maigre butin »

(Métraux, 1941, p. 109). Mais l'œuf est l'incarnation du dieu Make Make et l'expression tangible de forces religieuses et sociales d'une grande intensité. L'enjeu de cette lutte pour la possession d'un œuf n'est autre que la faveur divine et la sanction du pouvoir politique. Les héros, comme dans l'épopée homérique, avec cette immense différence qu'ils sont les « esclaves » des chefs dont l'un veut devenir le roi incontesté, se qualifient pour que leur maître deviennent roi de l'île pour une année, l'œuf sacré perdant toute sa force magique au bout d'un an. Il faut alors reconcourir. Cette course à l'œuf sacré et magique est la plus importante dans le cycle des cérémonies rituelles de Rapa Nui. C'est l'épopée de Tangata Manu, l'Homme-Oiseau, qui se déroule donc, chaque année, au début du printemps austral à Orongo ; le choix de ce site s'explique par sa proximité avec les trois îlots de Motu Nui, Motu Iti et Motu Kao Kao, refuge où Make Make a lui-même conduit les oiseaux de mer. C'est sur le plus grand de ces îlots, Motu Nui, que viennent pondre les manu tara, les hirondelles de mer (Orliac & Orliac, 1988, p. 67). C'est un rite qui survivra bien après l'évangélisation de l'île. Les cérémonies qui conduisent à la proclamation de l'Homme-Oiseau ne peuvent être comprises que dans le cadre où elles se déroulent, c'est-à-dire la qualification pour la prise du pouvoir, qualification qu'il faut remettre en question chaque année. Les deux centres de ce culte sont Orongo et l'îlot Motu Nui. Le village d'Orongo, qui est occupé par les fidèles de Make Make lors de la fête de l'Homme-Oiseau, est situé sur la crête du volcan Rano-kao, au-dessus d'une falaise qui sépare le fond du cratère de l'océan. Cette mince paroi est le dernier vestige du versant sud du volcan, que les vagues ont rongé. Sur des groupes de blocs en basalte ont été sculptées d'innombrables images de l'Homme-Oiseau. Ces rochers se dressent à l'extrémité d'une arête étroite d'où l'on domine le lac couvert de joncs et les îlots de Motu iti (petit) et de Motu nui (grand), entourés d'une frange d'écume. De nombreuses cérémonies ont lieu à Orongo pour se concilier les divinités : danses rituelles, *tangata rongo rongo* (prêtres spécialisés) récitant jour et nuit des chants cadencés dans la maison de pierre qui abrite la statue de Hoa haka nana ia (Celle- qui-brise-les-vagues), pléthore d'offrandes à Make Make et son compagnon Haua. Les *hopu* (champions) sélectionnés, vont s'installer avec des provisions sur l'île aux oiseaux dès le début du printemps austral (mai-juin) mais il faut attendre la fin de l'été (septembre) pour voir les premières hirondelles arriver pour nicher. Les *hopu* dorment alors très peu et redoublent de vigilance autant pour voir les oiseaux les premiers que pour échapper aux autres compétiteurs soucieux de se débarrasser d'un adversaire, scrutant le ciel et invoquant les puissances divines. Le choix du site d'Orongo, comme centre du culte de l'Homme-Oiseau, tient à sa proximité des îlots qui ont toujours été le refuge des *manu tara* qui ne quittent guère ces parages (il est rare de les trouver en d'autres endroits de l'île). Comme Make Make et Haua son compagnon l'avaient espéré, elles y sont rarement troublées par les hommes en quête d'œufs. Motu Kao Kao, couverte de guano, jaillit comme une aiguille blanche au milieu des vagues. Les deux autres îlots sont accessibles mais, pour y débarquer, il faut une mer favorable et une très grande agilité. Les deux îlots sont aussi couverts d'herbes hautes et drues.

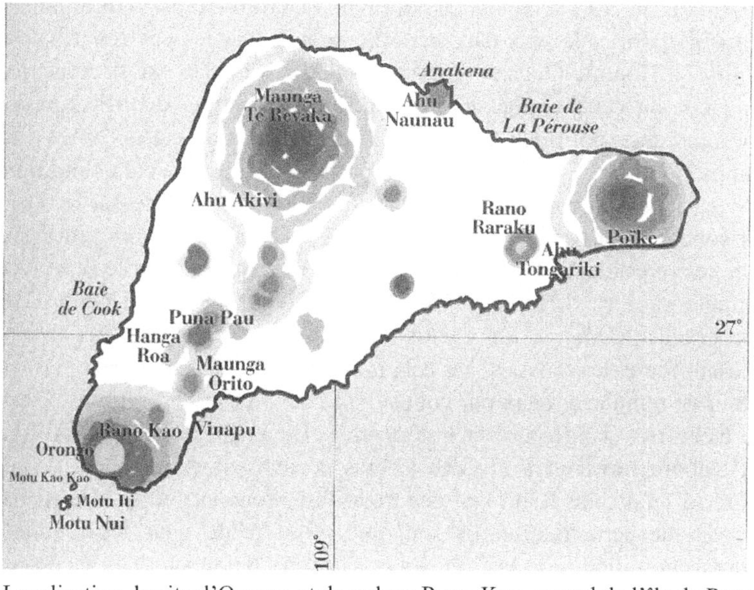

Localisation du site d'Orongo et du volcan Rano-Kao, au sud de l'île de Rapa Nui.

La première phase du cycle héroïque des fêtes comporte une halte au pied du volcan Rano-kao où se dressent deux ou trois grandes huttes, occupées seulement pour les fêtes du Tangata Manu, l'Homme-Oiseau. Les fidèles de Make Make s'y arrêtent pour répéter leurs danses et préparer les ornements et les accessoires en usage pendant les cérémonies, qui comportent aussi des offrandes diverses et des banquets cannibales.

La quête de ce premier œuf est dotée d'une charge symbolique telle que toute l'île est en émoi. Les concurrents, rappelons-le, les *hopu*, sont des dépendants, désignés rituellement comme « champions » des chefs de guerre de l'île, les *mata-to'a*. Le site d'*Orongo* domine la mer du haut d'une falaise de 200 m. Au premier plan, un ensemble de pétroglyphes représentant l'Homme-Oiseau et le dieu Make Make. En face, sur le plus grand des *motu* (îlots), le Motu Nui, des hommes guettent le début des pontes printanières. Celui qui, le premier, apporte un œuf à son maître lui permet de devenir le souverain de l'île jusqu'au prochain été austral. Le pouvoir de ces chefs annuels, qui ont la caution du divin, n'a jamais permis d'apporter la paix dans cette île ravagée par les guerres tribales. Le titre d'Homme-Oiseau (Tangata Manu), lorsqu'il est décerné au vainqueur de cette course initiatique, donne prestige, qualification et donc puissance politique à son chef. La qualification est décernée par champion interposé. La force, le courage ne sont pas la seule condition pour participer au concours. Il faut encore avoir été désigné par le dieu. Des concours particulièrement complexes font une sélection parmi les *hopu*, les serviteurs des chefs concernés qui concourent pour le titre. Les aspirants au titre d'Homme-Oiseau confient la tâche de découvrir le premier œuf de Manu-Tara à leurs « champions », plusieurs s'ils en ont la possibilité et les moyens, car cela multiplie les chances et cela permet surtout de remplacer ceux qui vont se faire dévorer par les requins. C'est une tâche très dangereuse et très pénible. L'équipe de dénicheurs doit tout d'abord traverser à la nage le bras de mer infesté de requins qui sépare la falaise du Rano-kao des trois îlots. Souvent blessés lorsqu'ils plongent de cette falaise, ils sont une proie facile pour les requins. Aborder au milieu des récifs et des brisants qui défendent leur accès est une épreuve terrible. Pour faire ce voyage, ces hommes se servent de flotteurs coniques en jonc des sortes de planches de surf mais creuses à l'intérieur ; ils y mettent les vivres qu'ils emportent en prévision d'un long séjour de mai à septembre bien souvent. L'angoisse des nageurs s'exprime dans une invocation semi-magique. Les dieux prennent parfois la peine d'avertir quelque prêtre du danger qui menace les *hopu*. On peut même soupçonner de cruauté certains *mata-to'a* qui, prévenus du danger, n'en exposent pas moins leurs serviteurs à la mort. Par précaution, ils en envoient un second, plus encore s'ils le peuvent, pour prendre la place de celui que les requins vont dévorer. Sans compter la compétition entre les *hopu* eux-mêmes, qui, pour remporter la victoire pour leur maître, n'hésitent pas à tuer les autres concurrents.

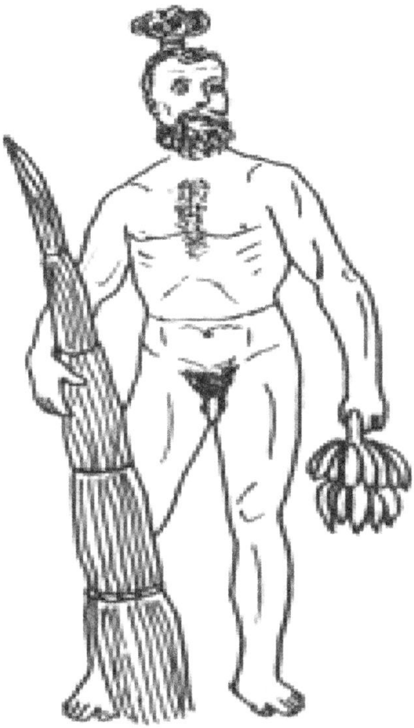

Le *hopu* et son flotteur. Il n'a aucune volonté propre. Il n'est que l'intermédiaire par lequel Make Make fait connaître celui qu'il a choisi pour devenir, pendant un an, le Tangata Manu.

Les *hopu* se logent dans les grottes du *motu* aux oiseaux. Ils passent leurs journées à guetter les mouvements des *manu-tara*, dans l'espoir de se saisir du premier œuf pondu. Au cours de ces semaines d'attente, ils sont parfois complètement coupés de la grande île par le mauvais temps. En prévision de cet isolement, ils conservent précieusement les pelures de bananes ou de patates douces qu'ils font sécher au soleil et qu'ils consomment quand ils sont à court de vivres. Si la mer est calme, leur ravitaillement est assuré par leurs parents ou par leurs maîtres, qui envoient d'autres serviteurs avec des provisions empaquetées dans des flotteurs en jonc. Les tribus établies à Orongo déploient une grande activité. Les serviteurs sur l'île ne sont que les instruments aveugles du dieu. Leur quête est vaine si Make Make ne guide pas leur regard ou leur main. Le succès dépend du zèle déployé par les candidats et par leurs familiers pour gagner la faveur divine. Ils s'y emploient avec une belle énergie. Le village résonne de chants cadencés que les *rongo rongo* prêtres détenteurs des textes incantatoires dont le déchiffrement reste un mystère psalmodient, jour et nuit, sans se tromper sous peine d'être foudroyés par le dieu. Des offrandes de nourriture sont apportées au dieu Make Make, à son compagnon Haua, et même à la prêtresse qui a répandu son culte avec la formule incantatoire révélée par les dieux eux-mêmes aux hommes : *Ka too ma Hava, ma Makemake...* Le *hopu* qui le premier trouve le premier œuf tacheté de l'hirondelle sacrée se précipite sur le rocher appelé « Cri-de- l'oiseau » *Tangi e manu* et hurle le nom de son chef en lui enjoignant de se raser la tête. Ce cri de triomphe parvient aux oreilles d'une sentinelle qui, abritée dans une grotte de la falaise d'Orongo, Hakarongo-manu - (Entendre-l'oiseau) -, se tient à l'écoute pendant toute cette période décisive. Sitôt après ce signal, les *hopu* s'apprêtent à quitter l'îlot. On attend, pour partir, que le serviteur qui a découvert l'œuf ait accompli une courte cérémonie. Il trempe l'objet précieux dans la mer, puis l'attache à son front protégé dans un bandeau de joncs tressés. Malheur à lui et à son chef si l'œuf venait à se briser ! Sur ce, tous se jettent à l'eau avec leur flotteur et nagent vers le rivage. La traversée du retour est réputée moins dangereuse que celle de l'aller, les nageurs étant sous la protection du symbole sacré. S'ils se tiennent près de celui qui en est le dépositaire, ils n'ont à craindre ni les requins, ni la houle, ni les brisants : Make Make ne consentirait pas à voir périr l'homme qu'il a favorisé de sa grâce et qui participe désormais de sa sacralité.

Le *hopu*, l'œuf sur le front, grimpe en toute hâte la haute falaise d'Orongo et le remet cérémonieusement à son maître qui est consacré *Tangata Manu.* Dès que le nom du nouvel Homme-Oiseau a été proclamé par le meilleur, l'élu du dieu Make Make, il se rase la tête, les sourcils et les cils. Un prêtre noue autour du bras qui reçoit l'œuf sacré un morceau de *tapa* rouge, sous lequel il glisse une esquille de bois de santal. Pendant cette investiture, les prêtres psalmodient des hymnes et des prières, et les parents du vainqueur manifestent leur triomphe par des danses désordonnées. Le Tangata Manu, la face couverte de traits rouges et noirs, un oiseau, probablement en bois, attaché sur le dos, se met à la tête de la population d'Orongo qui, formant un tumultueux cortège, descend vers Mataveri. Il est escorté d'autres guerriers qui, eux aussi, ont reçu des œufs de manu-tara, dénichés sans doute par leurs *hopu* avant de quitter Motu Nui, mais qui n'ont pas déniché le premier. Le Tangata Manu tient l'œuf sur le plat de la main, qui est recouverte d'une pièce de *tapa* rouge. Il psalmodie une incantation d'une voix chevrotante ; son attitude trahit un trouble et une agitation extrêmes. Il se comporte « comme un dieu », c'est-à-dire comme quelqu'un qui est devenu le réceptacle de la divinité, tandis que les hommes et les femmes de la communauté, par des chants et des danses endiablées, manifestent leur joie. La troupe en transe s'arrête à Mataveri pour y célébrer, dans une liesse sans égale, la présence parmi eux d'un nouvel Homme-Oiseau. On sacrifie à Make Make des victimes humaines désignées par le prêtre ou par le Tangata Manu lui-même. Leurs corps, cuits dans d'énormes fours souterrains, font les frais de bruyants banquets entrecoupés de danses et de psalmodies. Parents et amis de l'élu de Make Make, exaltés par son triomphe, narguent leurs rivaux ou leurs adversaires. Ces bravades dégénèrent en batailles rangées au cours desquelles les incendiaires s'en donnent à cœur joie. Des *tapu* multiples entourent désormais ce personnage sacré pour une année. Il ne peut s'éloigner de sa demeure-sanctuaire, les bains lui sont interdits et il doit observer, sous peine de mort, la continence. Un serviteur spécial cuit pour lui ses aliments dans un four réservé à cet usage. La seule marque extérieure de sa distinction est une coiffure particulière, sorte de perruque faite de cheveux de femme. Le *hopu* qui a trouvé l'œuf est également soumis à des interdits religieux. Il observe une retraite de plusieurs mois et ne peut toucher aucun aliment avec la main « contaminée » par le contact avec l'objet sacré. Le *ra'a* (caractère sacré) dont il est imprégné contamine aussi sa femme et ses enfants, qui deviennent, pour un certain temps, des sortes de « parias ». L'œuf de *manu-tara* vidé et empli de *tapa* est suspendu dans la hutte de l'Homme-Oiseau. On le regarde avec vénération en raison des grandes vertus magiques qui lui sont attribuées. Il est censé apporter l'abondance. L'œuf est un magicien qui donne des pommes de terre, des poulets, du poisson, des anguilles, des langoustes. La pêche hauturière commence d'ailleurs sitôt après sa découverte.

Le Tangata Manu donne son nom à la nouvelle année. Ce nom-là n'est pas celui qu'il a porté jusqu'à ce jour, mais un autre, plus sacré, qui lui est révélé en songe. Pendant son année de « réclusion », il est nourri aux frais des différentes tribus, et ceux qui refusent d'apporter leur contribution risquent de voir leur maison incendiée. L'autorité du Tangata Manu est mal définie. C'est un « homme-dieu » qui, durant l'année de son règne, tire de sa position de très nombreux avantages politiques et économiques. Il a le droit de prélever plus que sa part légitime dans les fêtes familiales. Nombre de missionnaires ont décrit les Tangata Manu comme des oiseaux de proie prêts à bondir sur leurs victimes pour les dépouiller de leurs biens. Personne n'ose se plaindre trop ostensiblement, tant l' « Homme-Oiseau-Dieu » est redouté. Cette « tyrannie » explique peut-être la nature de sa fonction. En leur qualité de chefs de guerre d'une tribu possédant l'hégémonie sur une partie ou même sur l'ensemble de l'île, ils disposent du pouvoir politique. La découverte de l'œuf les investit d'une autorité sacrée. Ils deviennent des *ariki/ari'i*, des hommes-dieux. Forts de la présence de la divinité, ils peuvent, sans crainte d'une opposition sacrilège, s'emparer de biens et jouir d'avantages qui, en d'autres temps, leur seraient probablement contestés par les armes. Après une année, l'œuf magique perd son pouvoir. On le jette dans la mer ou on le cache dans une fente de rocher, le long de la falaise du Rano-Raraku, pour pouvoir le mettre dans la tombe du roi après sa mort. Si j'ai choisi d'exposer ce rite d'investiture et de prise du pouvoir, c'est que cette fête du Tangata Manu est sans équivalent en Polynésie. À bien des égards, elle rappelle les cérémonies qui, dans d'autres archipels du triangle polynésien, établissent un rapport mystique entre les forces fécondantes de la nature, maritimes surtout, et un individu qui est un roi incontesté. Dans le cas des Pascuans, c'est un roi pour une année seulement.

Conclusion : Le roi « qualifié » est *au-dessus* et *au-delà* des structures sociales

Dans les civilisations mentionnées dans le cadre de ce travail, on situe le roi au-dessus de la société, mais aussi au-delà de la société. Il est bien au-delà, mais il peut aussi survenir de l'Au-delà. Dans le triangle polynésien, les grands *ra'atira* et les grands *ari'i* ne sont pas issus du peuple qu'ils dominent : ce sont des étrangers, tout comme les exploits, souvent épouvantables, guerre, suppression du rival pour obtenir la femme et le pouvoir, sont étrangers au comportement des aborigènes, des gens du pays, des vrais fils du pays, comme disent les Polynésiens. À la longue, les étrangers-rois sont intégrés par la population indigène au point que leur souveraineté est précaire. Le roi apparaît au sein de cette même culture comme une force de la nature. Le géant Rata en est un exemple. Ces chefs sont donc issus d'une racine autre que le peuple aborigène ; ils viennent des cieux, ou, plus communément, d'une souche ethnique distincte. Le roi, donc, c'est l'étranger, celui qui vient avec un *mana* de l'extérieur. Le roi réalise l'exploit qui le qualifie, ou le requalifie, comme Ulysse ou comme Rata. Le pouvoir, tel que nous l'avons pressenti dans le mythe de Rata se révèle comme une rupture de l'ordre moral : Rata commet de nombreux meurtres et devient la honte de sa patrie. Au cours d'une longue épreuve initiatique d'expiation, il va regagner son prestige. Ce peut être aussi un crime majeur contre la parenté : fratricide, parricide, union incestueuse... Combien de traditions orales dans tous les archipels du triangle polynésien, combien de rituels d'investiture célèbrent une victoire remportée par le roi sur son prédécesseur ! Quand le roi meurt en Océanie, on ne crie pas « Vive le roi ». Même si, dans la réalité, l'héritier légitime n'a pas sacrifié son prédécesseur, on admet généralement qu'il est responsable de sa mort. S'ensuivent des scènes de chaos rituel au cours desquelles le monde se déchire, se disloque, s'inverse même, jusqu'à ce qu'un nouveau roi revienne rétablir les tabous, principalement après une véritable guerre-sacrifice où « bons » et « méchants » sont massacrés, c'est-à-dire rétablir l'ordre social, le *dharma* des épopées mésopotamiennes. Ainsi, si le nouveau roi veut mettre de l'ordre dans sa communauté, il doit au préalable recréer le désordre originel. Le roi doit prouver qu'il est plus fort que la société qu'il domine ; c'est la raison pour laquelle il est amené à commettre des actes antisociaux, parfois monstrueux, comme on le voit dans les rites d'investiture ; il doit ressortir son peuple du chaos où il l'a précipité ; pour cela, il réitère l'acte constitutif initial de la vie de sa communauté, l'acte de fondation primordiale, l'avènement ; la prise du pouvoir est, au plan symbolique, une recréation de l'univers. Tel un dieu, survient le roi. Le symbolisme des rituels d'investiture relève de la sphère cosmologique : le roi est en vie, il est puissant, il l'a prouvé en se qualifiant, par là, il réalise le bien-être de la communauté et l'harmonie des forces cosmiques. Un proverbe hawaïen en donne une bonne synthèse : « Un chef est un requin qui voyage par terre » (Handy & Pukui, 1972, p. 129).

Bibliographie

Handy E.-S., & Pukui. M.-K., *The Polynesian Family System in Ka-'u, Hawai'i,* Rutland, C.E. Tuttle, 1972.

Henry T., *Tahiti aux temps anciens*, musée de l'Homme, Paris, 1988.

Favre J.-F., *Légendes polynésiennes. Gravures sur bois.* Papeete, Haero po no Tahiti, 1991.

Métraux A., *Île de Pâques*, Paris, Gallimard, coll. Tel, 1941.

Orliac C. & Orliac M., *Des dieux qui regardent les étoiles. Les derniers secrets de l'Île de Pâques*, Paris, Gallimard, 1988.

Perez C., *La perception de l'insularité dans les mondes méditerranéen ancien et archipélagique polynésien d'avant la découverte missionnaire*, Paris, EPU, coll Sciences humaines et sociales-Histoire, 2005.

CHAPITRE II

L'EXPLOITATION DES FONDS MARINS EN OCÉANIE

Aubaine imminente ou condamnation généralisée des ressources ?

Paul D'ARCY[1]

Les nations des îles du Pacifique vont sous peu voir se développer une frontière technologique et commerciale à l'évolution rapide : l'exploitation des fonds marins. Peu d'entre elles sont équipées pour mener de façon autonome de telles opérations d'exploitation, et la plupart doivent faire face à des réductions importantes du budget alloué par le gouvernement, une pression supplémentaire pour les obliger à autoriser ce mode d'exploitation sans précédent et qui ne permet pas d'en évaluer les conséquences écologiques et économiques.

Les nations des îles du Pacifique reçoivent d'importantes aides des anciens pays colonisateurs, mais ces dernières sont de plus en plus liées à des clauses, et s'y ajoute la menace omniprésente d'une réduction imminente. Compte tenu du taux de natalité élevé de ces nations, l'aide allouée *per capita* a déjà ostensiblement diminué. Les pays du Pacifique

[1] *Texte traduit de l'anglais par Élodie Chazalon.*

qui font toujours partie du territoire anciennement colonisé bénéficient généralement d'un soutien financier important de la part des métropoles, de telle sorte que leur revenu *per capita* est souvent plus élevé que celui de leurs voisins indépendants. Il en résulte que la génération actuelle des insulaires du Pacifique a connu une récolte sans précédent de ses ressources terrestres, minéralières, forestières, et de sa pêche en haute mer. De nombreuses nations de l'archipel d'Océanie sont très largement coralliennes et aquatiques, et leur revenu national dérive en grande partie des droits que les flottes de la ceinture du Pacifique payent pour pêcher et exploiter cette vaste et profonde étendue d'eau. L'exploitation des fonds marins constitue une source potentielle de revenu complémentaire ou, peut-être, une alternative viable à la simple dépendance financière et à la réduction progressive, voire l'épuisement, de leurs ressources en minéraux et bois, et de leur pêche côtière et en haute mer. Les bénéfices potentiels sont importants, mais les conséquences potentielles incertaines.

1. Viabilité économique et développement durable en Océanie

Les préoccupations liées à la viabilité économique, en tant que microéconomies au sein d'un monde globalisé, et à la cohésion politique, alors que des frontières coloniales arbitraires unissaient des peuples divers, ont retardé l'indépendance de la plupart des nations du Pacifique au milieu des années 1970. La population des États insulaires indépendants du Pacifique varie considérablement et peut passer de 10 000 habitants, comme à Tuvalu, à environ 6,1 millions, comme en Papouasie-Nouvelle-Guinée. Dans chacune de ces nations, on parle un éventail de langues, et l'affiliation de la majorité des citoyens se fait majoritairement sur la base de la parenté. La plupart des infrastructures héritées des pays colonisateurs et depuis l'indépendance sont limitées et se sont avérées inaptes à fournir les moyens de transport, d'éducation et de santé nécessaires à préparer et motiver les habitants à agir en tant que citoyens d'un État moderne. Le mode de vie de la plupart d'entre eux reste encore local et est essentiellement fondé sur l'autosuffisance, ce à quoi viennent s'ajouter à l'occasion les bénéfices tirés de l'exploitation agricole. En dépit du peu de communication et des relations parfois tendues entre les divers groupes sociaux, une minorité non négligeable de la population voyage désormais en dehors de l'espace du groupe d'affiliation pour travailler dans les secteurs économiques modernes, et plus particulièrement dans les capitales nationales ou dans de grandes multinationales comme les sites miniers. De tels lieux de rassemblement sont des catalyseurs du développement identitaire, mais aussi de tensions. Alors qu'une nouvelle identité urbaine fondée sur l'appartenance de classe a commencé à se développer dans des villes comme Suva, nombreux parmi ceux qui migrent vers les villes, pour ne pas dire la majorité, dépendent des *wantoks*, réseaux parlant la même langue et partageant leur culture d'origine (Nero, 1997, pp. 359-396).

Depuis l'indépendance, le modèle dominant de ce développement s'illustre dans ce que l'on appelle communément le MIRAB[1], terme utilisé pour désigner l'économie des nombreuses nations de taille plus modeste de l'Océanie contemporaine. Il renvoie aux sources fondatrices de ces économies, à savoir les migrations, les financements et aides, et la bureaucratie. L'image que renvoie le MIRAB est celle d'économies peu viables et condamnées à dépendre *ad vitam aeternam* des aides provenant des anciennes puissances coloniales, tandis que la plupart de ces aides sont absorbées par la fonction publique, si bien que les sommes d'argent qui dépendent de l'accès aux divers marchés du travail du Bassin pacifique deviennent les principales sources de revenus pour ceux qui sont situés en dehors de ces gouvernements (Bertram & Watters, 1985 ; Bertram, 1999). Epeli Hau'ofa, intellectuel et anthropologue originaire des îles Tonga aujourd'hui décédé, avance que ces « cas désespérés » du MIRAB furent la conséquence des barrières créées par les frontières et les politiques coloniales qui implantèrent dans l'esprit des insulaires un sentiment d'isolement et de séparation tout à fait artificiel. Ces derniers doivent désormais « décoloniser » leurs esprits et reconstruire leur sentiment identitaire en redécouvrant la vision que leurs ancêtres avaient du Pacifique : un océan infini de possibilités et d'opportunités (Hau'ofa, 1994). La plupart des économies du MIRAB relèvent des divisions conventionnelles de la Polynésie et de la Micronésie. Elles sont composées d'îles assez petites et relativement peuplées, situées dans des régions où l'espace maritime est dominant et constitue la plus grande partie de la surface. La pêche est une ressource importante pour beaucoup de ces nations, ainsi que nous allons le voir dans la partie suivante, mais l'accès aux marchés du travail des anciennes puissances coloniales de la ceinture Pacifique a également son

[1] *Migrations Remittances Aid and Bureaucracy.*

importance, et il est rendu possible parce que la taille de ces populations nationales est relativement modeste comparée à celle des nations plus vastes de Mélanésie, dans le Sud-Ouest Pacifique.

Ces dernières sont plus vastes et regorgent de ressources, en particulier la Papouasie-Nouvelle-Guinée et les îles Salomon. Elles présentent un modèle économique différent, caractérisé par des multinationales développées à grande échelle, contrôlées depuis l'étranger et qui en exploitent les ressources en minéraux, bois et poissons pour en exporter la plus grande partie à l'état brut, ce qui permet aux nations importatrices de développer comparativement peu d'industries annexes à valeur ajoutée et de ne recevoir qu'une fraction de la valeur potentielle des matériaux bruts. Les populations importantes de Mélanésie ont dissuadé les nations de la ceinture Pacifique de légiférer en faveur d'un accès durable à leurs marchés du travail, en exerçant une pression accrue pour qu'elles développent des industries locales liées au secteur primaire et fondées sur l'extraction des matériaux bruts. Les moyens limités de contrôle environnemental lié à l'exploitation des sites, la marginalisation politique des propriétaires qui se trouvent à proximité (qui découle de leur petit nombre et, de fait, de leur faible représentativité politique) et le fort pourcentage du revenu national gagné par les gouvernements grâce aux taxes imposées aux revenus des multinationales ont donné naissance au « paradigme de la condamnation des ressources », au sein duquel les ressources sont à considérer tout au mieux comme étant à double tranchant. Les ressources attirent en effet des étrangers ne montrant aucune implication dans la politique locale de développement durable, et elles divisent les communautés autochtones en les opposant à ce qui est souvent perçu comme une alliance contre nature entre le *big business* et les gouvernements nationaux (Allen, Banks, Wesley-Smith, Kabutaulaka, Doulman, Chand & al., 2005 ; Filer & Macintyre, 2006 ; Scheyvens & Lagisa, 1998). Les zones riches en ressources sont souvent faiblement peuplées, conduisant au scénario de la « tragédie des biens communs » dans lequel les ressources que personne n'a en sa possession ne sont protégées et entretenues par personne. Cela est particulièrement le cas pour celles qui se trouvent en haute mer et loin des capitales nationales : on les désigne par l'expression de *terra nugax*, qui désigne une sorte de frontière non revendiquée et prête à être « moissonnée » (Burton, 1997).

La littérature liée à l'exploitation terrestre en Mélanésie est essentiellement constituée de registres révélant les sommes d'argent phénoménales qui affluent dans les caisses des gouvernements par le biais des taxes liées à l'exploitation. En outre, des récits mettent en garde contre les désastres écologiques à long terme provenant du déversement et des fuites, en aval des cours d'eau, des produits chimiques utilisés pour l'exploitation minière, qui peuvent créer des zones virtuellement inhabitables autour des cours d'eau. L'exemple de la mine d'Ok Tedi, dans la province de l'Ouest (Western Province), est peut-être le plus connu pour ce qui est de ce type de dégradations (Banks & Ballard, 1997 ; Wesley-Smith, 1990). Il existe également des exemples de conflits avérés entre groupes, et au sein des communautés les plus touchées par le problème - car les différentes parties ont manœuvré pour contrôler certains aspects des opérations minières -, tout comme il existe des exemples de communautés locales divisées et hostiles aux étrangers qui perturbent leurs habitudes *via* l'arrivée massive de travailleurs à la recherche d'un emploi, réduisant le nombre d'emplois bien rémunérés et les profits pour les populations autochtones. À cause de ce type de conflits, la fermeture de la mine de Panguna à Bougainville est, d'un point de vue politique et culturel, le meilleur exemple actuel de division liée à des opérations minières en Papouasie-Nouvelle-Guinée (Dennon, 2000 ; May & Spriggs, 1990 ; Regan, 2010), tandis que le cas du pipeline encore en activité des Southern Highlands, en Papouasie-Nouvelle-Guinée, menace d'être tout aussi violent et perturbant pour l'économie nationale, et ce pour la plupart des raisons qui furent à la base des conflits dans les deux cas mentionnés plus haut (Haley & May, 2007).

2. Le droit international et les ressources océaniques dans les îles du Pacifique

Alors que la richesse de la plupart des nations de Mélanésie se trouve dans le sol, la mer est la ressource écologique principale des nations plus petites de Micronésie et de Polynésie situées au nord et à l'est de l'Océanie. La convention des Nations unies de 1982 sur le droit de la mer (UNCLOS III) pose les principes fondamentaux des droits concernant l'accès et l'exploitation des ressources maritimes en Océanie. La convention a étendu de manière significative les prérogatives des nations sur les eaux voisines (United Nations, 1992 ;

Brownlie, 1995, pp. 87-208 ; Harris, 2004, pp. 381-503), ce dont ont bénéficié la plupart des nations « modernes » du Pacifique, en tant qu'archipels entourés par de vastes étendues d'océan. La limite des eaux territoriales a été fixée à 12 milles marins (22 kilomètres) du littoral, mais les prérogatives des États côtiers sur les ressources maritimes vivantes et non vivantes ont été étendues à 200 milles marins (370,4 kilomètres) sous la forme de zones économiques exclusives[1]. On a également octroyé aux États côtiers le droit de fixer la limite de pêche autorisée au sein de leur ZEE, de même que celui de choisir les pays qui pourraient accéder à l'excédent de cette pêche durable et la taxe qu'ils devraient payer en retour (United Nations, 1992, articles 55-75 et plus particulièrement pp. 55-59). On a également donné à ces États côtiers des droits, afin qu'ils puissent exercer leur juridiction sur les fonds marins et les sous-sols du plateau continental, mers relativement peu profondes qui s'étendent de façon continue depuis la côte. Du fait de différents critères géologiques, la législation a circonscrit ces mers de façon précise en fonction de leur éloignement de la côte et de leur profondeur : elles s'étendent à un maximum de 350 milles marins (648 kilomètres) des lignes de base ou à 100 milles marins (185,2 kilomètres) au-delà de l'isobathe à 2 600 mètres (United Nations, 1992, articles 76-85).

La convention UNCLOS III a également fourni un modèle détaillé de résolution de conflits afin de régler les réclamations de parties adverses, comme celle, par exemple, qui porte sur la question de l'endroit où fixer la ligne de recoupement entre les ZEE et les plateaux continentaux. Au-delà de ces zones où la juridiction s'applique, on a fait prévaloir le principe du libre accès pour tous aux zones de haute mer. Nonobstant, même dans ce cas précis, il a fallu légiférer pour éviter les conflits. Par exemple, l'Autorité internationale des fonds marins[2] a reconnu et enregistré les déclarations de différents pays membres qui revendiquaient une grande partie des fonds marins du Pacifique Est à cause de leur richesse potentielle en minéraux, et en dépit du fait que cette région se trouvait essentiellement dans des eaux internationales, au-delà de toute ZEE. Comme nous le verrons ci-après cependant, ces ressources se sont avérées tellement précieuses qu'elles sont

[1] Dans le texte, *exclusive economic zones*.
[2] Dans le texte, *International Seabed Authority*.

commercialement viables et peuvent être exploitées avec les technologies existantes. Toutefois, elles se situent dans des zones maritimes encore régies par la seule volonté de pays qui adhèrent à des principes vagues plutôt qu'à un ensemble précis de lois, de contrôles et de mesures coercitives efficaces.

Le dernier concept légal utilisé dans la convention UNCLOS III pour étendre la juridiction côtière fut celui du droit des archipels. Les nations composées d'îles considérées comme suffisamment liées des points de vue politique, géographique et historique pour former une entité se sont vu accorder le droit de tracer la ligne de base de leur ZEE autour de la bordure extérieure des îles situées le plus en périphérie. Toutes les eaux situées à l'intérieur de cette ligne de base sont tenues pour des eaux territoriales, du moment que le rapport de l'eau à la terre n'excède pas 9 sur 1 (United Nations, 1992, articles 46-54, en particulier 47-50 ; Crocombe, 2001, p. 310).

3. Limites à l'économie maritime des îles du Pacifique

UNCLOS III n'est officiellement entré en vigueur qu'en 1994, lorsqu'il fut ratifié par le nombre de pays requis. Les nations des îles du Pacifique avaient au préalable légiféré à leur échelle afin que les mesures de la convention s'appliquent à l'intérieur de leurs frontières, et les dispositions de ces lois fonctionnaient *de facto* dans le cadre des accords internationaux de pêche du Pacifique. La nouvelle étendue des ZEE, de 200 milles marins (370,4 kilomètres), a considérablement accru le territoire des nations des îles du Pacifique, et en particulier celui des archipels. Par exemple, la superficie terrestre des îles Fidji, soit 18 272 kilomètres carrés, est passée à une ZEE de 1 290 000 millions de kilomètres carrés, celle des îles Kiribati est passée d'une superficie terrestre de 690 kilomètres carrés à une ZEE de 3 550 000 kilomètres carrés, tandis que les États fédéraux de Micronésie, d'une superficie terrestre de 701 kilomètres carrés, ont maintenant l'équivalent d'une ZEE de presque 3 millions de kilomètres carrés. 45 % du revenu des îles Kiribati et environ 25 % de celui des États fédéraux de Micronésie proviennent de la pêche et des droits de pêche (Crocombe, *op.cit.*, p. 309 ; Nero, 1997, p. 369 ; Gupta & Yala, 2000, p. 367 ; Thomas, 2003 ; Teiwaki, 1988).

Les réalités économiques ont « rogné » les bénéfices potentiels de cette indépendance politique. En tant qu'entités politico-culturelles fragmentées ou de petite taille qui ont hérité d'infrastructures modernes limitées de la part des anciennes puissances coloniales, les nations des îles du Pacifique avaient une capacité limitée pour générer leurs revenus à l'échelle locale, la majeure partie de ceux-ci passant dans la construction d'équipements basiques et dans des services qui, dans les pays plus développés, sont déjà acquis. En l'absence de contrôles locaux, les flottes des nations plus riches et plus vastes de la ceinture Pacifique violaient régulièrement la limite des ZEE des îles du Pacifique. Ce même manque de revenus pour financer la surveillance des eaux situées au large signifiait également que les nations insulaires étaient dans l'incapacité de développer des flottilles de pêche efficaces et qu'elles étaient contraintes à signer des accords d'accès à leurs zones de pêche, en retour desquels elles ne recevaient qu'une infime partie de la valeur marchande du poisson. Elles avaient pour alternative soit de renoncer à ce revenu et d'assister à l'épuisement des ressources de poisson *via* une pêche non surveillée, soit de continuer à être trop dépendantes de l'aide extérieure des anciens pays colonisateurs (Tarte, 1998, p. 83 ; Lobban & Schefter, 1997, pp. 274-277 ; Nero, 1997, p. 368 ; Bardach & Ridings, 1985, p. 43 ; Jacobs & Gillett, 1987).

Les conditions se sont améliorées lorsque les nations insulaires ont accepté de faire converger leurs discours *via* la Forum Fisheries Agency (FFA)[1], qui a mené un travail d'expertise scientifique et légale considérable sur la gestion des ressources de pêche dans le Pacifique. Tandis que, dans les années 1980, le Japon s'était servi avec succès de financements pour lever la réglementation par le biais d'accords bilatéraux pour la plupart biaisés avec les nations des îles du Pacifique, l'équilibre des pouvoirs a été renversé à la fin des années 1980. Le Japon a dû alors faire face à une Océanie de plus en plus unie et indépendante, et à la concurrence notable d'autres pays qui entrèrent en jeu, désireux de signer des traités de pêche plus justes. Le vent a plus particulièrement tourné en faveur des nations insulaires après que les États-Unis ont signé un accord multilatéral d'accès aux ressources avec les nations du Pacifique (Tarte, 1998, p. 96).

---

[1] Organisation dont le but est de préserver et de renforcer la solidarité régionale et la pêche durable dans les îles du Pacifique.

La zone maritime non visible depuis et au-delà du sol des nations des îles du Pacifique reste sous le contrôle de l'État. Les zones de pêche de l'Océanie qui sont ouvertes à tous sont un exemple classique du modèle économique conduisant à la « tragédie des biens communs » : l'idée selon laquelle on tend vers une utilisation non durable des espaces qui n'appartiennent à aucun groupe ou individu spécifique mais auxquels tout un chacun a accès, que ce soit légalement ou dans les faits. En de telles circonstances, nul n'a de nécessité impérieuse à protéger ces espaces, étant donné qu'ils sont accessibles à tous, et chacun cherche à en tirer un profit optimal avant que les ressources ne soient totalement épuisées (Hardin, 1968). On peut considérer que de tels cas existent en haute mer, dans les zones situées au-delà des ZEE, et même sur la majeure partie des ZEE situées hors de portée de vue depuis terre, étant donné le peu de moyens dont les nations des îles du Pacifique disposent pour les contrôler.

Ces zones, qui se trouvent au-delà de la ligne d'horizon visible depuis la terre ferme, sont en mer l'équivalent de ce que les zones faiblement peuplées mais riches en ressources sont sur terre. Ceci explique que les autochtones n'aient que peu d'influence dans les parlements nationaux et dans d'autres groupes politiquement influents, qui sont invariablement basés dans les capitales. Ces zones sont perçues de l'extérieur comme constituant une *terra nugax*, sorte de frontière que personne ne revendique, politiquement invisible mais potentiellement exploitable. L'expression a été inventée par John Burton, spécialiste de la Nouvelle-Guinée, pour désigner les régions reculées et faiblement peuplées qui se situent autour des mines d'Ok Tedi, dans la province de l'Ouest (Burton, 1997). Les eaux du Pacifique en sont l'équivalent maritime : elles constituent une *mare nugax*, d'autant que leurs ressources sont de plus en plus prisées et qu'elles attirent de plus en plus l'attention commerciale. La littérature qui porte sur l'exploitation minière terrestre et maritime dans les îles du Pacifique ne souligne pas les liens que ces deux types d'exploitation entretiennent. À la lumière des exemples fournis par l'exploitation minière terrestre en termes de bénéfices économiques et de conséquences écologiques, la démonstration subséquente constitue, à notre connaissance, la première tentative d'exploration des questions relatives à l'exploitation des fonds marins dans les îles du Pacifique.

4. Questions relatives à l'exploitation des fonds marins : souveraineté et accès aux ressources

L'environnement benthique (sous-marin) des océans reste à ce jour l'un des écosystèmes les moins connus sur Terre, et ce bien que la majeure partie de la surface géologique terrestre soit sous-marine. Les évidences qui s'étaient accumulées concernant le potentiel économique des fonds océaniques ont connu un nouveau souffle en juillet 2011, lorsque des chercheurs japonais ont publié un rapport prouvant l'existence de vastes gisements de métaux terrestres rares au fond des eaux du Sud-Est Pacifique et du Centre-Nord Pacifique. Du fait du manque global de ces métaux, dont la concentration est insuffisante à les rendre viables à l'exploitation, ces minéraux terrestres rares sont parmi les plus chers au monde. Les années 2011 et 2012 ont aussi vu des progrès notables du point de vue des technologies sous-marines permettant d'aller de plus en plus profond lors de l'exploration et l'exploitation des fonds marins. D'autres types de gisements semblent également atteindre pratiquement le niveau de viabilité requis pour l'exploitation sous-marine. En 2013, la compagnie canadienne Nautilus Minerals se prépare à mener des opérations sous-marines de grande envergure en Papouasie-Nouvelle-Guinée afin d'extraire le cuivre et l'or, et l'Autorité Internationale des Fonds Marins[1], organisme désigné par les Nations Unies pour régir l'exploitation des fonds marins, traite un nombre modeste mais croissant de demandes d'explorations dans le Pacifique. Cette nouvelle frontière maritime semble vouée à s'étendre considérablement dans un avenir proche, une situation imprévisible qui a laissé les gouvernements et les organismes internationaux chargés de réguler les demandes qui luttent péniblement pour créer et mettre en place des mesures de sauvegarde ainsi que des lois ayant trait aux minéraux présents dans les fonds marins des ZEE et au-delà (Kato & al., 2001 ; Adriano, 2011 ; Drew, 2011 ; Nautilus, 2010). Ces nouvelles opportunités économiques peuvent également laisser planer une menace potentielle d'une ampleur insoupçonnée sur les zones de pêche du Pacifique, et il se peut qu'elles nécessitent une meilleure coordination entre les zones de pêche, les organismes chargés de réguler l'exploitation des fonds marins et les industries dans les années à venir.

---

[1] Dans le texte source, *ISA = International Seabed Authority.*

Il existe trois types de dépôts minéraliers connus. Le premier se compose de nodules de manganèse, amas polymétalliques de la taille d'un poing qui contiennent des minéraux précieux gisant dans les fonds marins, tels que le manganèse, le nickel, le cuivre et le cobalt. La plupart des gisements connus se trouvent dans les fonds marins des eaux internationales, dont la profondeur peut aller jusqu'à 3 miles, soit 5 kilomètres. On trouve ces gisements au centre du Pacifique et également, dans une moindre mesure, dans l'océan Indien. Les concentrations minéralières du Pacifique qui offrent le meilleur rendement commercial se situent à des profondeurs pouvant aller de 4 500 à 5 500 mètres, dans la zone de Clarion Clipperton (Centre-Est Pacifique). Les nodules de manganèse sont considérés comme commercialement viables s'ils possèdent un taux de nickel et de cuivre moyen de 2,25 % minimum, et si la densité du nodule atteint environ 10 kilogrammes par mètre carré. L'analyse des nodules dans la zone de Clarion Clipperton révèle que cette zone contient à elle seule deux fois plus de cobalt que la totalité des réserves terrestres (Markussen, 1994 ; Drew, 2011 ; Cronan, 2001, International Seabed Authority, *Polymetallic Nodules*). Bien que l'existence de ces nodules soit connue depuis plus d'une centaine d'années, les difficultés techniques liées à leur extraction, le manque de clarté de la législation régissant les droits de propriété des sites miniers et leur accès, et le coût de l'extraction des gisements au sol ont retardé l'exploitation des fonds marins. La viabilité peut également devenir une question d'importance une fois que l'on aura plus de données prouvant leur abondance, sachant qu'il faut plusieurs milliers d'années pour que les nodules atteignent une taille modeste. Les progrès technologiques qui s'inspirent de celles utilisées dans les opérations d'extraction de pétrole et de gaz, l'appauvrissement croissant des ressources minéralières au sol et par conséquent l'augmentation de leur prix font que l'extraction en mer est désormais viable.

Le second type de dépôts que l'on trouve dans les fonds marins est celui des sulfures polymétalliques qui se forment autour des sources d'eau chaude en zone volcanique. L'eau de mer y est chauffée par la chaleur de la roche lorsqu'elle s'infiltre dans les fissures des roches volcaniques, elle dissout les minéraux et jaillit enfin comme un geyser depuis les fonds marins pour refroidir et condenser les minéraux. Ces dépôts peuvent présenter une qualité sept fois supérieure à celle de ceux que l'on trouve sur terre, et ils peuvent grandir de six mètres par an. Les fissures abondent à l'ouest, le long de la ceinture de feu du Pacifique - et pour beaucoup à des profondeurs aussi importantes qu'un ou deux kilomètres - et elles ont déjà attiré les demandes de permis d'exploitation pour ce qui concerne celles de Nouvelle-Zélande, du Japon, de Papouasie-Nouvelle-Guinée et des îles Fidji, Tonga et Salomon. Jusqu'à présent, environ deux cents champs de fissures ont été localisés, bien que la plupart paraissent trop petits pour être commercialement exploitables (International Seabed Authority, *Sulfures polymétalliques* ; *The Economist*, 2009 ; Latimer, 2011). C'est ce type de gisement qu'exploite la compagnie *Nautilus Minerals* en Papouasie-Nouvelle-Guinée *via* sa première opération d'envergure d'exploitation des fonds marins. Le troisième type potentiellement viable est celui des dépôts de cobalt dont regorge la croûte terrestre et que l'on trouve sur les arêtes et au sommet des reliefs sous-marins de tous les océans mondiaux (International Seabed Authority, *Cobalt-rich Crusts*).

Une fois le coût, la technologie utilisée pour l'exploitation et les régimes légaux requis mis en place, les bénéfices potentiels sont immenses. L'exploration a révélé l'existence d'un réseau de champs de fissures espacés à une régularité de 100 kilomètres, ce qui équivaudrait, pour la seule arête océanique du centre Pacifique, à six cents champs dégageant des minéraux en quantités variables. La compagnie canadienne Nautilus Minerals, sur le devant de la scène pour l'exploitation des fonds marins dans le Pacifique, estime que si seulement la moitié de ces champs s'avèrent commercialement exploitables, cela représenterait « plusieurs milliards de tonnes de cuivre par an » (Drew, 2011, p. 12). Son tout premier site d'exploitation, le Solwara 1 - un champ de fissures volcaniques d'une surface de 0,112 kilomètre carré situé en Papouasie-Nouvelle-Guinée -, est tenu pour commercialement viable car la concentration en cuivre de ses dépôts est dix fois supérieure à celle de la plupart de ceux présents sur terre. Joe Dowling, vice-président des « relations investisseurs » pour la compagnie, prévoit que Solwara 1 sera productif avant fin 2013 et qu'il générera aux alentours de 80 000 tonnes de cuivre et 4,25 tonnes d'or par an (Latimer, 2011, p. 3 ; Drew, 2011, p. 6 ; Nautilus, 2010). Les enquêtes menées par la compagnie *via* les explorations à Solwara et dans d'autres sites de la mer de Bismarck ont amené ses membres à la conclusion que ce champ est le plus riche au monde en termes de ressources en cuivre et or, et qu'il est prévu que la production de minerai atteigne 1,5 million de tonnes par an. Si les investigations menées sur le site de Solwara (situé à 1 600 mètres de profondeur, à 50 kilomètres au nord de la Nouvelle-Bretagne et à 30 kilomètres à l'ouest de la Nouvelle-Irlande) sont représentatives, alors la récolte fournira 7 % de cuivre et 6 grammes d'or par tonne de minerai extrait, soit un taux qui va bien au-delà de la concentration minimale tenue pour rentable en de telles circonstances, et bien plus élevée que les 0,5 % pour lesquels les mines terrestres se mettent en activité (Latimer, 2011, p. 3 ; Shwartz, 2010, pp. 8-9 ; SOPAC, 2011).

Le prix du marché de ces minéraux doit prendre en compte leur coût d'extraction quand on veut calculer s'il est commercialement viable de se lancer dans l'exploitation sous-marine. Dans ce cas, l'élément clef est la technologie utilisée : les progrès technologiques accomplis dans l'industrie d'extraction du pétrole en mer ont également leur utilité dans l'exploitation des fonds marins, ce qui signifie qu'il existe déjà des techniques et des infrastructures industrielles pour soutenir des opérations d'exploitation sous-marine à grande échelle. Par exemple, les pompes à eau et les pompes aspirantes créées pour amener le pétrole des fonds marins jusqu'à la surface peuvent également être utilisées pour le même type d'opération concernant les minéraux. L'industrie pétrolière a aussi développé des véhicules commandés à distance ou ROV[1] pour explorer les fonds marins et en prélever des échantillons, et aussi pour creuser des tranchées afin d'y installer des pipelines. Les demandes d'exploitation de pétrole et de gaz en mer ont conduit la compagnie Seafloor Geophysics, basée à Houston, à travailler sur la production de véhicules qui, tout en restant posés à la surface des fonds marins, peuvent forer jusqu'à 80 mètres *via* un système de câbles. L'institut océanographique de Woods' Hole (Massachusetts) possède des ROV qui peuvent travailler à des profondeurs de 11 kilomètres (*The Economist*, Latimer, 2011 ; Shwartz, 2010). En 2010, le ROV chinois nommé Jiaolong a atteint une profondeur de 3 759 mètres dans l'océan Indien. Il a été conçu pour descendre jusqu'à 7 000 mètres, et on rapporte qu'il est descendu il y a peu jusqu'à 6 000 mètres dans le Pacifique (Press Trust of India). Les minéraux que la Chine souhaite exploiter dans l'océan Indien se trouvent à des profondeurs comprises

[1] Dans le texte source, *remotely operated underwater vehicles*.

notamment entre 5 000 et 7 000 mètres (International Seabed Authority, *Polymetallic Nodules*).

La compagnie Nautilus Minerals affirme que sa méthode d'extraction dans le cadre du projet Solwara 1 ne laissera aucun résidu et presque aucun déchet, si bien qu'elle est bien plus propre que les opérations menées au sol. Les fonds marins sont également plus concentrés en minerais, de sorte qu'une moindre quantité de roche doit être forée pour donner une charge équivalente de minerais de valeur (Latimer, 2011 ; Drew, 2011 ; Nautilus, 2011). L'argument écologique est audacieux, au vu de la grande quantité de roche devant être extraite, et l'on peut douter du fait qu'une compagnie assujettie aux investisseurs doive plafonner ses extractions et profits une fois que ses infrastructures sont en place, à cause du seul désir de préserver au mieux des écosystèmes sous-marins parcourus par peu d'hommes ou de poissons. Les peuples autochtones d'Océanie qui se confrontent à la perspective de voir leurs fonds marins exploités sont, en général, réticents à accueillir ce type d'activité près de leurs zones de pêche, en dépit des possibilités d'enrichissement et de création d'emplois qui en découlent. Des tests ont été effectués en vue de contrôler les dommages écologiques subis par les zones exploitées, mais aucune opération n'est en cours pour confirmer ou infirmer si la dérivation de nuages de poussière découlant desdits dommages est temporaire et acceptable.

La dernière décision déterminante concernant l'exploitation des fonds marins est peut-être la plus problématique : elle porte sur la garantie de possession et/ou d'utilisation des droits dans les fonds marins, en particulier dans les eaux profondes qui s'étendent au-delà des ZEE nationales. On travaille encore, au sein des ZEE, sur la façon de déterminer de tels droits, et au-delà des ZEE, l'exploration des minéraux situés dans des zones géographiquement déterminées reste, pour les compagnies minières qui en ont fait la demande, soumise à l'attribution de ces droits, qui se fait de plus en plus grâce au soutien d'un ou plusieurs gouvernements. La dernière convention des Nations unies sur le droit de la mer a mis en place, en 1994, l'Autorité internationale des fonds marins (International Seabed Authority), afin de réguler les exploitations sous-marines qui s'aventurent au-delà des ZEE nationales (International Seabed Authority). Les 159 signataires de la convention UNCLOS et la Communauté européenne en sont membres. Les deux chambres qui constituent l'ISA sont l'Assemblée, dans laquelle siègent tous les membres, et le Conseil, avec 36 membres élus par l'Assemblée sur la base de critères destinés à assurer la représentation équitable des divers groupes. Parmi eux, on compte ceux qui prennent part aux opérations d'exploitation sous-marine (quatre membres), les industriels basés au sol qui produisent à partir des minéraux extraits en mer (quatre membres), les États-nations en voie de développement qui ont un intérêt particulier, comme ceux ayant une forte densité de population, les nations enclavées, les États insulaires, et ceux étant des producteurs potentiels de minéraux au sol ou de grands importateurs de minéraux extraits en mer en vue de leur exploitation (six membres) ; plus une couverture géographique du globe, avec au moins un membre de chacune des régions suivantes : Afrique, Asie, Europe de l'Est, Amérique latine, Caraïbes, Europe de l'Ouest et autres régions. Les membres sont renouvelés tous les quatre ans sur la base d'un vote tenu par les représentants des États-nations. Actuellement, Fidji est la seule île du Pacifique membre du Conseil de l'ISA (International Seabed Authority, *The Council*, *Composition of the Council*). Les hypothèses selon lesquelles l'exploitation des fonds marins au-delà des ZEE n'est qu'une possibilité lointaine pour le moment, rendent compte du fait que l'ISA ne tient pour l'instant qu'une session annuelle, qu'elle dispose d'un budget modeste de 6,5 millions de dollars seulement, et d'une équipe de trente-cinq membres uniquement (International Seabed Authority ; Drew, 2011).

Le Conseil de l'ISA supervise le travail de deux comités mis en place par UNCLOS : la Commission légale et technique, sous l'article 159, et la Commission de planification économique, sous l'article 164. Un troisième, le Comité des finances, a été mis en place sous la section 9 de l'annexe aux accords UNCLOS de 1984. Les vingt-trois membres du Comité légal et technique sont élus par le Conseil de l'ISA sur la base d'expertises dans des zones dédiées à l'exploration, à l'exploitation et à la transformation des minéraux sous-marins, et elles incluent la protection économique ou légale de l'environnement marin. Le Comité des finances comprend quinze membres qui possèdent les qualifications financières requises et qui sont élus par le Conseil afin de traiter tous les sujets impliquant des financements et de faire les recommandations appropriées au Conseil et à l'Assemblée (United Nations). La Commission de planification économique sera formée dès lors que l'exploitation des fonds marins sera jugée réalisable. Il est prévu que ses membres soient élus sur la base d'expertises économiques liées à l'extraction minéralière, au commerce international ou à l'économie internationale. Les fonctions de cette Commission sont établies par l'article 164 (2) d'UNCLOS et elles incluent la proposition de mesures au Conseil en vue de réguler les activités dans la zone, la révision de tendances économiques qui pourraient affecter la zone ou en dériver, et la proposition d'un système d'assistance économique afin de développer les États qui subissent le revers des activités menées dans la zone (International Seabed Authority, *Structure and Functioning*).

L'ISA a eu pour principes directeurs de développer des politiques qui anticipent et préviennent les conséquences écologiques en prévision d'exploitations sous-marines de grande envergure, via la conduite d'études minutieuses sur les opérations minières et, dans une moindre mesure, sur le biote marin situé à l'intérieur et aux environs des zones proposées pour l'exploitation et qui s'étendent au-delà des juridictions nationales. Ces zones devraient être considérées comme constituant un héritage commun de l'humanité, et les recettes dérivant de leur exploitation devraient être partagées entre ceux qui montent les opérations d'exploitation et le reste de la communauté internationale, en particulier les pays en voie de développement (International Seabed Authority, *Authority* ; Drew, 2011). Durant l'année 2000, l'ISA a conçu une réglementation liée à la prospection et à l'exploration des nodules polymétalliques, avec pour préoccupation particulière la mise en place de dispositions destinées à amoindrir les dommages subis par l'environnement marin à cause de l'exploitation. Durant les deux années qui ont suivi, l'ISA a signé avec sept entités publiques et privées des contrats d'une durée de quinze ans, leur octroyant l'exclusivité des droits pour la recherche de nodules sur des étendues sous-marines de 75 000 kilomètres carrés (la surface limite de chaque zone étant fixée à 150 000 kilomètres carrés), la moitié devant être rendue à l'Autorité après les huit premières années (International Seabed Authority, *Exploration Areas*). Chaque signataire doit, une fois par an, faire un rapport de ses activités dans la zone qui lui a été attribuée.

À l'exception de l'étendue attribuée au gouvernement indien dans l'océan Indien, toutes les surfaces d'exploration se situent dans la zone de Clarion-Clipperton, dans la partie équatoriale nord de l'océan

Pacifique, au sud et au sud-est d'Hawaï. Avec le gouvernement d'Inde, les autres parties contractantes appartenant au groupe d'origine sont le gouvernement de la République de Corée, la China Ocean Minerals Research and Development Association (COMRA, République populaire de Chine), la Deep Ocean Resources Development Company (DORD, Japon), l'Institut français de recherche pour l'exploitation de la mer (IFREMER, France), et le Federal Institute for Geosciences and Natural Resources (FIGNR, Allemagne), dont la candidature a été acceptée en 2006, mais aussi la Yuzhmorgeologiya (Fédération russe), et l'Interoceanmetal Joint Organization (IOM, Bulgarie, Cuba, Slovaquie, République tchèque, Pologne et Fédération russe) (International Seabed Authority, *Contractors*). Bien que les compagnies minières américaines possèdent des technologies qui comptent parmi les plus avancées en termes d'exploitation des fonds marins, les États-Unis restent en dehors de cette entente et se définissent indépendamment de la convention sur le droit de la mer. Comme signalé plus haut, la toute première opération d'exploitation sous-marine d'envergure sera menée par la compagnie canadienne Nautilus, mais dans la ZEE de Papouasie-Nouvelle-Guinée et, par conséquent, en dehors des attributions de l'ISA.

Même si l'exploitation commerciale des fonds marins dans le Pacifique est imminente, peu d'accords ont été formulés concernant sa réglementation au sein de l'ISA. La législation au sein des ZEE en est également au stade embryonnaire, mais l'impulsion se confirme dans la mesure où de plus en plus de compagnies demandent à accéder à l'exploitation sous-marine et cherchent à s'y préparer. Le gouvernement de Papouasie-Nouvelle-Guinée a légalement le droit d'autoriser l'exploitation sous-marine et a donné son accord pour que celle-ci commence dans le parfait respect de principes stricts de protection environnementale reflétant l'expérience de ce pays qui, pendant presque quatre décennies, a dû faire face à - et tirer les leçons - des opérations d'exploitation minière terrestres et à des désastres écologiques comme la pollution toxique en aval de la mine de cuivre et d'or d'Ok Tedi. En juin 2011, lors d'un atelier du Deep Sea Mineral Project, Lyndah Brown-Kola, ingénieur technique en chef de la Minerals Resource Authority (MRA), a constaté que le bail accordé à Nautilus par la Papouasie-Nouvelle-Guinée reflétait les leçons de trente-six années passées à développer une législation et des cadres réglementaires pour l'exploitation. Elle a également noté que ce cadre législatif et réglementaire était administré par la MRA en collaboration avec le Department of Mineral Policy and Geohazards Management. La législation gouvernementale permet également à la Papouasie-Nouvelle-Guinée d'acquérir jusqu'à 30 % des capitaux de l'exploitation minière menée sur son territoire, et la politique gouvernementale devrait en donner une petite partie aux propriétaires terriens sous forme de royalties grâce à son organisme gouvernemental indépendant : Petromin. Brown-Kola a observé que la licence d'exploitation sous-marine accordée à Nautilus en 2008 n'est survenue qu'au bout d'un processus de quatorze ans de collaboration avec la compagnie (SOPAC).

Un certain nombre d'autres nations insulaires du Pacifique se préparent également à introduire une législation en vue de contrôler l'exploitation des fonds marins au sein de leur ZEE. L'Union européenne parraine actuellement un projet de quatre ans pour aider le Forum des nations du Pacifique à développer le cadre législatif lié à l'exploitation sous-marine. Les archipels de Samoa, Tonga, Fidji, Cook, Salomon et Vunuatu suivent aussi le modèle de la Papouasie-Nouvelle-Guinée (Radio Australia, 25 février 2011 et 30 juin 2011). En 2008, des compagnies privées des îles Tonga et Nauru se sont alignées sur la compagnie canadienne Nautilus Minerals et, grâce au soutien de leur gouvernement respectif, sont devenues les premières entités de pays en développement à demander l'autorisation de l'ISA pour explorer les nodules polymétalliques des fonds marins situés en dehors des ZEE. L'ISA a accordé un contrat d'exploration aux compagnies Naurus Ocean Resources Inc. et Tonga Offshore Mining Limited, respectivement en juillet 2011 et janvier 2012 (International Seabed Authority, *Contractors*). Parmi les représentants des îles du Pacifique membres de l'ISA, le délégué fidjien a été le seul à défendre ces candidatures et il a observé que, contrairement aux candidatures de la Fédération russe et de la Chine, celles des îles Tonga et Nauru ont été confrontées à une large opposition de la part d'un certain nombre de membres importants du Conseil de l'ISA avant d'être finalement acceptées (The Permanent Mission of Fiji to the United Nations, International Seabed Authority, *Approves Applications*).

Conclusion : Les insulaires du Pacifique et l'exploitation des fonds marins

En 2008, une coalition représentant les communautés côtières situées aux environs de la mer de Bismarck en Papouasie-Nouvelle-Guinée a demandé à ce que les autochtones aient plus de poids dans les décisions prises concernant l'exploitation des fonds marins. Ces communautés ont juré de ne cautionner aucune opération de ce type tant que les compagnies ou le gouvernement de Papouasie-Nouvelle-Guinée ne fourniraient pas d'arguments tangibles prouvant que l'exploitation sous-marine ne causerait pas de dommage important aux écosystèmes côtiers et marins (Mineral Policy Institute, 2008). Dans le cadre de la loi cependant, ce qui régit le contrôle et la propriété des eaux côtières et éloignées des côtes, est déterminé par le gouvernement de Papouasie-Nouvelle-Guinée, plus que par les communautés locales.

Le sort des espaces et ressources océaniques des insulaires du Pacifique va même bien au-delà de cette zone. En une période où le changement climatique provoqué par l'homme s'intensifie, le destin des économies du MIRAB et de celles qui louent leurs ressources est désormais plus lié encore à des processus qui dépassent leur zone d'influence. Les atolls du Pacifique, dont l'élévation par rapport au niveau de la mer est faible, sont particulièrement exposés à la montée du niveau de la mer et aux typhons de plus en plus nombreux et actifs à cause du réchauffement climatique (Mortreux & Barnett, 2009). De manière générale, les habitants de cette région, désormais plus attentifs aux influences qui se profilent à l'horizon, doivent cependant encore modifier l'impact de ces forces extérieures plutôt qu'espérer pouvoir les maîtriser. Des projets communs, comme celui que l'île Nauru et les îles Tonga ont respectivement signé avec Nautilus Minerals, représentent pour ces îles la façon la plus efficace de participer aux nouvelles activités commerciales qui ont lieu sur leurs mers et de gagner une part de chacun des profits, compte tenu du manque important d'insulaires du Pacifique au sein de l'ISA ou du manque de contrôle local.

Pour les ressortissants des îles du Pacifique et les résidents locaux, la recherche d'un partage significatif des profits est justifiée, bien qu'ils dépendent des compagnies extérieures qui prennent en charge le coût considérable lié au développement des technologies et des infrastructures nécessaires pour rendre l'exploitation sous-marine offshore durable. L'histoire de l'exploitation minière terrestre, des activités forestières et des activités de pêche dans les îles du Pacifique suggère toutefois que les coûts et les dommages écologiques imprévus liés à l'exploitation minière sous-marine auront d'abord un impact sur les communautés locales, et ensuite sur les gouvernements nationaux, et que les opérateurs commerciaux ne dédommageront que partiellement les communautés locales les plus directement touchées.

Bibliographie

Adriano J.-D., « Pacific islands seek protection from deep sea mining », *Science and Development Network,* 29 July 2011.

Allen M., « Greed and grievance: the role of economic agendas in the conflict in Solomon Islands », *Pacific Economic Bulletin*. 20(2), 2005, 56-71

Banks G., « Mining and the Environment in Melanesia: Contemporary Debates Reviewed ». *The Contemporary Pacific* 14(1), 2002, pp. 39-67.

Banks G., & Ballard, C., (eds.), *The Ok Tedi Settlement: issues, outcomes and implications*, Canberra, National Centre for Development Studies, 1997.

Bardach J.-E. & Ridings P.-J., « Pacific Tuna : Biology, Economics, and Politics », *In* E.M. Borgese and N. Ginsburg (eds.) *Ocean Yearbook 5,* Chicago, University of Chicago Press, 1985, pp. 29-57.

Bertram G, « The MIRAB Model Twelve Years On », *The Contemporary Pacific* 22(2), 1999, pp. 105-138

Bertram G., & Watters R., « The MIRAB Economy in Pacific Microstates », *Pacific Viewpoint* 26(3), 1985, pp. 497-519.

Brownlie I., (ed.), *Basic Documents in International Law* (4th Edition), Oxford, Oxford University Press, 1995.

Burton J., « Terra nugax and the discovery paradigm: how Ok Tedi was shaped by the way t was found and how the rise of political process in the North Fly took the company by surprise », *In* Glenn Banks and Chris Ballard (eds.), *The Ok Tedi Settlement: issues, outcomes and implications*, Canberra, National Centre for Development Studies, 1997, pp. 27-55.

Chand S., Grafton R., Quentin P., & Petersen E., « Multilateral Governance of Fisheries: Management and Cooperation in the Western and Central Pacific Tuna Fisheries », *Marine Resource Economics*, 18, 2003, pp. 329-348.

Crocombe R., *The South Pacific*, Suva, University of the South Pacific, 2001.

Cronan D. S., « Manganese nodules », *In* Steele J., Turekian K., Thorpe S., *Encyclopedia of Ocean Sciences*, San Diego, Academic Press, 2001, pp. 1526–1533.

A Companion to Global Environmental History, Wiley Blackwell, Oxford, 2012.

Denoon D., *Getting Under the Skin: The Bougainville Copper Agreement and the Creation of the Panguna Mine*, Melbourne Melbourne University Press, 2000.

Doulman D.-J. (ed.), *Tuna Issues and Perspectives in the Pacific Islands Region*, Honolulu, East-West Center, 1987.

Drew L.-W., « The Promise and Perils of Seafloor Mining », *Oceanus*, 27, November 2011 (Available at http://www. whoi.edu/oceanus/view.Article. do?id=62986).

Filer C., & Macintyre M., « Grass Roots and Deep Holes: Community Responses to Mining in Melanesia », *The Contemporary Pacific* 18(2), 2006, pp. 215-231.

Gupta D., & Yala C., « Fishing, Forestry and Mining », *In* Lal B.-V., & Fortune K., (eds.) *The Pacific Islands: an encyclopedia*, Honolulu, The University of Hawaii Press, 2000, pp. 366-371.

Haley N., & May R.-J., (eds.), *Conflict and resource development in the Southern Highlands of Papua New Guinea*, ANU E-Press, Canberra, 2007.

Hardin G., « The Tragedy of the Commons », *Science*, vol. 162, 1968, pp. 1243-1248.

Harris D.-J., *Cases and Materials on International Law* (6th Edition), London, Sweet and Maxwell, 2004.

Hau'ofa E., « Our Sea of Islands », *The Contemporary Pacific,* 6 (1), 1994, pp. 148-161.

International Seabed Authority, A*uthority*, www.isa.org.jm/files/documents/EN /Brochures/ENG1.pdf).

International Seabed Authority, *Structure and Functioning*, (available at http://www.isa.org.jm/files/documents/EN/Brochures/ENG2.pdf)

International Seabed Authority, *The Council*, (available at www.isa. org.jm/en/about/members/council).

International Seabed Authority, *Composition of the Council*, (available athttp://www.isa.org.jm/en/about/members/council/composition)

International Seabed Authority, *Contractors,* (available at http://www.isa. org.jm/files/images/CCZ, contractorsresize2.jpg).

International Seabed Authority, *Exploration Areas*, (available at http://www.isa.org.jm/en/scientific/exploration)

International Seabed Authority, *Cobalt-rich Crusts*, (available at http://www.isa.org.jm/files/documents/EN/Brochures/ENG9.pdf).

International Seabed Authority, *Polymetallic Nodules,* (available at http://www.isa.org.jm/files/documents/EN/Brochures/ENG7.pdf)

International Seabed Authority, *Polymetallic Sulphides*, (available at http://www.isa.org.jm/files/documents/EN/Brochures/ENG8.pdf)

Kabutaulaka T.-T., « Rumble in the jungle: land, culture and (un) sustainable logging in the Solomon Islands », *In* A. Hooper (ed.), *Culture and Sustainable Development in the Pacific*, Asia Pacific Press, Canberra, 2000, pp. 88-97.

Kato Y., *& al*, « Deep-sea mud in the Pacific Ocean as a potential resource for rare-earth éléments », *Nature Geoscience*, vol. 4 (8), 2011, pp. 535-539, http:// www.nature.com/ ngeo/ journal/ v4/ n8/full/ngeo1185.html.

Latimer C., « Seabed Mining: Plunging into the Depths of a New Frontier », *Australian Mining*, 10 August 2011 (available at http://www.miningaustralia.com.au/news/seabed-mining-plunging-into-the-depths-of-a-new-frontier).

Lobban C.-S., & Schefter M., *Tropical Pacific Island Environments*, Guam, University of Guam Press, 1997.

Markussen J.-M., « Deep Seabed Mining and the Environment: Consequences, Perceptions, and Regulations », *In* Helge Ole Bergesen & Georg Parmann (eds.), *Green Globe Yearbook of International Co-operation on Environment and Development*, Oxford, Oxford University Press, 1994, pp. 31-39.

Mortreux C., Barnett, J., "Climate change, migration and adaptation in Funafuti, Tuvalu", Global Environmental Change, 19, 2009, pp.105-112.

Mineral Policy Institute, « Karkum National Sea Bed Mining Forum Statement: June 25-27th, 2008 », *Mineral Policy Institute* (available at http://www.mpi.org.au/dsm-in-papua-new-guinea.aspx).

May R.-J., & Spriggs, M., (eds.), *The Bougainville Crisis*, Crawford House Press, Bathurst, 1990.

Nautilus Minerals Inc. « Solwara 1 Project – High Grade Copper and Gold », *Nautilus Minerals Inc*, 2010, (available at http://www.nautilus minerals.com/s/Projects-Solwara.asp).

Nero K., « The Material World Remade », *In* Denoon D., (ed.) *The Cambridge History of the Pacific Islanders*, Cambridge, Cambridge University Press, 1997, pp. 359-396.

Press Trust of India, « China to expand seabed mining in Indian Ocean », report carried by IBNLive (available at http://ibnlive.in.com/ printpage. php?id=185112&section_id=2).

Radio Australia, « Help for Pacific countries seabed mining development », *Pacific Beat*, 25 February, 2011 (available at http://www.radio australia.net.au/pacbeat/stories/201102/s3148747.htm)

Radio Australia, « Samoa moves on seabed mining », *Pacific Beat*, 30 June, 2011 (available at http://www.radioaustralia.net.au/ pacbeat/ stories/ 201106/s3257291.htm)

Regan A.-J., *Light Intervention: Lessons from Bougainville*, U.S. Institute of Peace Press, Washington D.C., 2010.

Scheyvens R., & Lagisa, L., « Women, Disempowerment and Resistance: An analysis of logging and mining activities in the Pacific », *Singapore Journal of Tropical Geography* 19 (1), 1998, pp. 51-71.

Shwartz M., « Mining the world's richest copper resource – on the seabed », *Australian Journal of Mining*, November-December 2010, pp. 8-9. (available at http://www.theajmonline.com.au/ pdfs/nov-dec-2010/ajm-nd-p8-9.pdf).

SOPAC, « Papua New Guinea Ready for Seabed Mining », *Applied Geoscience and Technology Division of Secretariat of the Pacific Community* (SOPAC), 14 June 2011 (available at http://www.sopac. org/ index.php/media-releases/1-latest-news/299-papua-new-guinea-ready-for-seabed-mining).

Tarte S., *Japan's Aid Diplomacy and the Pacific Islands*, Canberra, National Centre for Development Studies, 1998.

Teiwaki R., *Management of Marine Resources in Kiribati*, Suva, University of the South Pacific, 1988.

The Economist, « Seabed mining: The unplumbed riches of the deep », *The Economist*, 14 May, 2009 (available at http://www.economist. com.node/13649273).

The Permanent Mission of Fiji to the United Nations, « Fiji Statement at the International Seabed Authority Council, 3rd May 2010 », (available at http://www.fijiprun.org/index. php?option= com_ content&view= article &id=115:fiji-statement-at-theinternational-seabed-authority-council-3rd-may2010&catid=21&Itemid=181).

The Permanent Mission of Fiji to the United Nations, « International Seabed Authority Approves Applications », n.d. (available at http://www. fijiprun.org/index.php?option=com_content&view=article&id=70:internat ional-seabed-authority-approves-applications&catid=11&Itemid=180).

Thomas F.R., « Fisheries Development in Kiribati: sustainability issues in a "MIRAB" economy », *Pacific Studies* 26(1-2), 2003, pp. 1-36.

United Nations (1992), *The Law of the Sea: Exclusive Economic Zone, Legislative History of Articles 56, 58 and 59 of the United Nations Convention on the Law of the Sea* New York: Division for Ocean Affairs and the Law of the Sea, United Nations, (n.d.) (available at http://www.un.org/Depts/los/convention agreem ents/texts/unclos/clos indx.htm).

Wesley-Smith T., « The politics of access: Mining companies, the State and Landowners in Papua New Guinea », *Political Science*, vol. 42 (2), 1990, pp. 1-19.

DEUXIÈME PARTIE

DE LA PORTÉE MAGIQUE DE L'EAU À LA GESTION DE L'ESPACE MARIN

« Jusqu'ici, nous avons traversé des mers limpides, d'un bleu intense, où, aux endroits à peine recouverts d'eau, les fonds coralliens, avec leur diversité de formes et de couleurs, leur magnifique vie aquatique et végétale sont à eux seuls un véritable enchantement. Une mer dont le décor est fait de toutes les splendeurs de la forêt tropicale, d'un paysage volcanique et montagneux, animé par les rivières, les cascades et par les nappes vaporeuses qui se traînent dans les hautes vallées. »

Bronislaw Malinowski, *Les Argonautes du Pacifique occidental.*

CHAPITRE III

L'EAU DU PACIFIQUE EN BUTTE À LA MODERNITÉ

Un appel paradoxal

Jean-Luc ROQUES[1]

La modernité a fait l'objet de multiples travaux pour en présenter les facettes, en dénoncer les contradictions, ou mettre en évidence les conséquences de sa radicalité. De manière classique, on l'oppose à la tradition, considérée comme désuète et archaïque. De toute évidence, la modernité s'est voulue rupture. Elle a émergé au moment où les hommes se sont considérés supérieurs à ceux qui les avaient précédés, ne se sentaient plus sous la gouverne des dieux, voulaient devenir maîtres de leur histoire et souhaitaient s'approprier la nature.

La rupture temporelle a fait table rase du passé et s'est tournée résolument vers le futur. Tout est devenu anticipation et projection. Dans cette logique, le mythe du progrès s'est répandu et avec lui de nouvelles conceptions favorisant la nouveauté, le changement, dans cette quête continue d'un avenir radieux. La rupture spatiale s'est organisée autour de l'image d'un village planétaire. Au-delà de la croissance

[1] Je tiens à remercier Pascale Berger (historienne et géographe) qui m'a apporté certaines informations utiles à l'élaboration de ce texte.

démographique, la concentration urbaine est devenue un élément majeur. L'évolution des populations urbaines a littéralement explosé en peu de temps. Quels que soient les endroits, cette massification a engendré une véritable « urbanisation des comportements ». L'urbanité est devenue synonyme de liberté, d'émulation, d'innovation. Les aires urbaines attirent. Les ruptures scientifiques, technologiques et méthodologiques sont devenues pour leur part des archétypes de la modernité. Dans le fond, c'est la raison qui voulait s'opposer à certaines formes de pensée irréfléchies et se libérer des passions aveugles. L'évolution des sciences et des techniques est devenue patente, dans laquelle la machine à vapeur a entraîné l'humanité vers des perspectives qui déterminèrent son destin.

L'avènement de la modernité et son cortège de ruptures devaient faire glisser l'humanité de la barbarie à la lumière. De nouvelles idées, activités et mœurs devaient irradier le monde. Certes, mais le problème est que cette modernité n'est pas seulement source d'avenir radieux et de bien-être. Les catastrophes, le mal-vivre, les destructurations identitaires sont là pour le montrer. Pourtant, malgré certaines catastrophes tant écologiques qu'humaines, au-delà des contradictions que la modernité porte en elle, par-delà les résistances et les critiques, il existe toujours un appel à celle-ci. Nous avons affaire certes à un appel paradoxal, mais celui-ci est bien là.

En fonction de ce constat de départ, qui de toute évidence est orienté, qu'en est-il de l'eau dans le Pacifique Sud ? Qu'en est-il de la question de l'eau dans cet espace si imprégné de cette ressource ? Afin de répondre à ces questions, nous proposerons trois parties. Dans les deux premières, nous mettrons en scène une ambivalence nette entre des images fantasmatiques véhiculées et des réalités concernant l'eau. Malgré la forte rationalisation du monde, il subsiste des représentations qui maintiennent des images d'un monde idéal. Toutefois et de manière totalement opposée, il existe un choc, lié aux effets de la modernité envahissante, avec son lot de tragédies, de risques et de vulnérabilités. La dernière partie s'appuiera sur notre constatation de départ pour mettre en évidence cet appel paradoxal, qui en fait ne peut engendrer à notre avis qu'un cercle vicieux.

1. Une eau englobante[1]

L'eau dans la zone du Pacifique est, à n'en pas douter, un élément incontournable par sa présence et son étendue. Mais si elle est bien une ressource nécessaire et vitale, elle est aussi source d'images et de constructions emblématiques ou fantasmatiques, tant pour les sociétés traditionnelles locales que pour la société moderne exogène.

1.1. Que d'eau, que d'eau

Lorsqu'on regarde une mappemonde, un planisphère ou un globe terrestre et que l'on pointe le regard aux antipodes de l'Europe, on remarque que la couleur bleue est immédiatement surreprésentée. À partir de cette première image, on peut en déduire, d'après ce que l'on nous apprend, qu'il ne peut s'agir que d'une masse d'eau immense. Nous sommes, en effet, dans la zone du Pacifique, dont l'océan est le plus vaste du globe. Avec ses 176 millions de kilomètres carrés, cette étendue liquide représente la moitié des eaux océaniques. La superficie des terres de la planète pourrait d'ailleurs y tenir facilement. Elle compte *grosso modo* 17 500 kilomètres dans sa partie la plus large et quelque 11 000 mètres de profondeur maximale dans la fosse des Mariannes (Agniel & Pimont, 1997). Vu de haut encore, et quand on survole en avion cet impressionnant territoire, comme aurait peut-être voulu le faire Chombart de Lauwe, soucieux de descriptions aériennes, l'eau est à perte de vue. Elle est en cela omniprésente. Nous avons ici affaire au « grand océan ».

Si nous portons maintenant notre attention à cet espace, et notamment au sud de la ligne fictive que forme l'équateur, qui recouvre l'Océanie, la Mélanésie et la Polynésie, jusqu'aux rives de l'Amérique latine, nous constatons qu'il existe pourtant des milliers de terres émergées. Si nombre d'entre elles ont des noms, d'autres n'ont pas de véritable dénomination. Cela va de la très grande Australie, avec ses 7 700 000 kilomètres carrés, à de plus petites, comme Niue et ses 257 kilomètres carrés de surface. De plus, s'il y a des îles, il y a aussi des îlots, ainsi que des chapelets d'atolls ou de *motu*. Toutefois, ce qui

[1] On peut faire référence ici à ce que propose D'Arcy, quand il parle de *All-Encompassing*, ce qui à juste raison englobe l'ensemble du monde et des humains.

surprend, c'est que, malgré l'existence de ces terres, la même impression surgit, il y a de l'eau partout. L'eau est là, elle semble englober et paraît envelopper tout cet ensemble.

Pour atteindre ces terres, qui pendant des millénaires sont restées dénuées de toute présence humaine, il a fallu que des hommes fabriquent et utilisent des embarcations plus ou moins sophistiquées, mais surtout envisagent de se déplacer vers des rivages qu'ils imaginaient peut-être mais qu'ils ne voyaient pas. Les premiers arrivants, qu'ils aient été navigateurs ou pêcheurs, avaient des techniques de fabrication d'embarcation *a priori* rudimentaires. Les pirogues de l'époque préhistorique (qui ont traversé le temps) étaient faites de troncs d'arbre dont on creusait le centre. Les premières excursions se sont réalisées le long de chapelets l'îles, il y a environ trois cent mille ans, pour atteindre le centre de l'océan vers 1 500 av. J.-C., avant que les hommes ne se lancent, par la suite, plus à l'est (Anderson, 2003, p. 355). Les premières implantations sur des terres du Pacifique se sont donc faites par étapes et sur un très long terme. Les premiers occupants n'ont peut-être pas eu trop de difficultés à se déplacer, notamment entre la Nouvelle-Guinée et les îles Salomon, car les terres étaient étendues et quasiment visibles. Les populations tiraient dans un premier temps leur subsistance du littoral, là en ramassant des coquillages, là en piégeant ou harponnant des poissons de récifs. En revanche, les problèmes croissaient et se multipliaient à mesure qu'ils se déplaçaient petit à petit et notamment vers l'est.

Si la présence de l'eau était ici un bienfait, puisqu'elle apportait de la nourriture, elle posait en revanche un problème de logistique et de distance. Les traversées océaniques devaient dès lors se réaliser sans repère terrestre. Les techniques de navigation, même si elles étaient et restent sujettes à débats, ont permis d'effectuer des bonds de plus en plus importants dans cette immensité marine. La pirogue de haute mer polynésienne, « l'un des plus grands esquifs du monde ancien, fut le moyen par lequel des générations d'explorateurs aventureux étendirent la présence humaine dans le Pacifique » (*ibid.*, p. 368). On voit par là que si le lien entre l'eau et les hommes est très fort, engendre de nombreux rites et récits magiques, leurs bateaux, même peu maniables, leurs permettaient d'entreprendre des expéditions périlleuses et dangereuses, mais étaient avant toute chose des moyens indispensables qu'ils détenaient « pour maîtriser la nature » et les éléments marins (Malinowski, 1969, p. 165)[1].

Les explorations du Pacifique par les Européens débutèrent pour leurs parts au XVIe siècle et, dès le début du XIXe siècle, il existait une carte pratiquement complète de l'Océanie. Pour cela, il a fallu que de multiples expéditions, faites par les Espagnols, les Hollandais, les Anglais ou les Français, voient le jour. Mais l'Europe étant à près de 20 000 kilomètres, cela représentait plus de cent jours de voile. Comme Magellan, Bougainville, La Pérouse, Cook, Dumont d'Urville et bien d'autres entreprirent de parcourir cet espace maritime, qui représentait une découverte. Ainsi, comme pour les premiers migrants, il fallait que les hommes tiennent compte de l'eau tant pour sa richesse que pour les dangers qu'elle pouvait engendrer, comme dans le cas des 40e rugissants.

Quand on met maintenant pied à terre, l'eau ne disparaît pas pour autant, et Cook fut pour sa part saisi par les belles rivières et les magnifiques cascades de Nouvelle-Calédonie qui lui rappelaient sa patrie, et tomba en admiration devant l'agriculture hydraulique en terrasse très sophistiquée. En 1981, à Tahiti[2], nous avions remonté, à pied de Mataiea, le cours d'eau qui prend sa source au lac Vaihiria.

[1] Malinowski complétait cela en expliquant qu'un canoë était bien autre chose qu'un morceau de bois façonné et faisait partie intégrante de la culture.

[2] Comme nous l'a précisé Pascale Berger, l'abondance en eau potable par exemple en Polynésie française est une évidence. Elle bénéficie d'un climat tropical, avec des nuances en fonction des archipels, donc en général un climat plutôt humide, voire très humide en saison des pluies, jusqu'à 330 mm en janvier. Les alizés, chargés d'humidité par l'océan, balaient régulièrement les îles polynésiennes. Géographiquement, les îles hautes de Polynésie française sont d'origine volcanique et leurs sommets accrochent lesdits nuages par leurs côtes est et donnent des précipitations, dans une moindre mesure, jusqu'à leurs côtes ouest. Les forêts tropicales humides occupent encore une grande partie des îles hautes, ce qui participe à l'apport général en humidité. Historiquement, les Polynésiens ont su profiter, dès leur installation, de cette manne qu'est l'abondance en eau. D'une part, ils ont occupé en priorité les endroits proches de l'eau potable, plaines, vallées fluviales, d'autre part ils ont su prendre en compte l'importance et la chance d'avoir autant d'eau disponible dans des îles qui, par ailleurs, n'offraient pas grand-chose hormis quelques arbres nourriciers ou quelques richesses halieutiques. De ce fait, ils ont intégré l'importance de l'eau douce dans leur culture et surtout, dans le même temps, ils se sont habitués à la gratuité de l'eau qui est un « don » des dieux, situation qui peut se comprendre dans un monde peu peuplé et non pollué.

Pendant plusieurs heures, nous avons traversé à de multiples reprises les lacets du torrent. Parfois, il nous semblait impossible de continuer, mais certains repères nous signifiaient que nous étions sur la bonne voie. Enfin, nous sommes arrivés au lac, où l'eau était d'un noir d'ébène, et en son centre gisaient les morceaux d'un avion. Le grand oiseau moderne avait certainement voulu se rapprocher trop prés de l'eau, comme Narcisse en son temps. L'eau sombre était là devant nous, et l'on pouvait imaginer qu'un monstre aquatique allait en sortir. Une impression similaire ressortait de notre remontée de la rivière Dumbéa en Nouvelle-Calédonie. Parfois, elle s'élargissait, parfois elle se rétrécissait, pour arriver à des marmites d'eau et des cascades pleines de mystères.

1.2. La portée symbolique et fantasmatique de l'eau

Cet environnement, où l'eau est aussi prégnante, a entraîné la constitution de représentations magiques tant chez les autochtones que chez les nouveaux colons qui se sont succédés pendant au moins cinq siècles. Les mythes semblent s'enchevêtrer, comme s'entrecroisent d'autres formes rituelles et représentations magico-religieuses (Perez, 2011)

Pour les premiers habitants, l'eau est un élément fondamental à la base de la construction de mythes créateurs ou destructeurs. Éliade rappelait que, chez les Polynésiens, « au commencement, il n'y avait que des eaux primordiales, plongées dans les ténèbres cosmiques. De l'immensité de l'espace où il se trouvait, Io, le dieu suprême, exprima le désir de sortir de son repos. Puis il reprit : « Que les eaux se séparent, que les Cieux se forment, que la terre devienne ! » (Éliade, 1969, p. 99). Reprenons ici une longue description de Malinowski à propos de Dobu : « Leur région est truffée d'endroits qui présentent un intérêt mythologique particulier. Son cadre agréable, avec ses cônes volcaniques, ses baies paisibles et larges, ses belles montagnes verdoyantes surplombant les lagunes et au nord parsemée d'îles et de récifs, impressionne fortement l'indigène, et prend couleur de légende. Là les deux rochers qui s'élèvent dans la mer sont des corps pétrifiés de deux héros mythologiques qui vinrent finir à cet endroit après une querelle. Ici encore un lagon fermé a servi de refuge à une équipe mythique. Et jadis ces terres et ces mers durent être les témoins de migrations et de combats, d'invasions et d'infiltrations progressives de peuples et de cultures » (Malinowski, 1969, p. 97)[1].

On peut comprendre que de cette esthétique naissent des légendes, qui accordent à ces lieux mystérieux autant d'attraits que de méfiance. L'eau est donc un élément central, que l'on retrouve aussi dans les bains journaliers des Tahitiennes ou dans l'attirance pour le lagon. Dans ce dernier cas, au large de Bora-Bora, un pêcheur, que nous avions remarqué, était resté plus de vingt-quatre heures sur sa petite pirogue, comme si le temps s'était arrêté. Comme s'il revivait le mythe du retour et s'identifiait aux héros des origines (Éliade, *op. cit.*, p. 47) ou aux mythes des longs voyages en mer. L'eau est dès lors fort présente, même si bien sûr on ne voit parfois que ce que l'on veut voir.

Pour les seconds, il semble que la portée magique de ces lieux se soit construite de manière similaire. Dans son *Discours sur l'origine et les fondements de l'inégalité parmi les hommes*, Rousseau écrivait : « Tant que les hommes se contentèrent de leurs cabanes rustiques, tant qu'ils se bornèrent à coudre leurs habits de peaux avec des épines et des arêtes, (…) à tailler avec des pierres tranchantes quelques canots de pêcheurs ou quelques grossiers instruments de musique ; en un mot tant qu'ils ne s'appliquèrent qu'à des ouvrages qu'un seul pouvait faire et qu'à des arts qui n'avaient pas besoin du concours de plusieurs mains, ils vécurent libres, sains, bons et heureux autant qu'ils pouvaient l'être par leur nature » (Rousseau, 1754). Nous avons là, le mythe du bon sauvage, de l'homme à l'état de nature. L'Europe se construit un mythe océanien du paradis, dont Bougainville lors de son *Voyage autour du monde* mettra en exergue le charme sensuel. Au lendemain de son arrivée à Tahiti, le 6 avril 1767, il fera l'apologie de la douceur du climat, de la beauté du paysage, de la fertilité du sol arrosé de rivières et de cascades. Il baptisera d'ailleurs ce lieu « nouvelle Cythère », du nom de l'île grecque dédiée à Aphrodite. À l'opposé, on retrouve le pendant mythique de l'Atlantide avec la Pacifide ou, plus connu, le Continent Mu, popularisé par le colonel James Churchward, qui aurait été une immense île engloutie après avoir accueilli une civilisation

[1] On peut renvoyer ici à la description que fait Burenhult de Nan Madol au large de Pohnpei. Au cœur de la Micronésie, ce site est une construction d'une centaine d'îlots artificiels, avec ses canaux où l'on ne peut accéder que par bateau (Burenhult, 2003, p. 381).

techniquement très avancée et dont il ne resterait que quelques sommets qui émergent dont les îles du Pacifique.

Dans la même veine, Gauguin, avec sa quête des origines, tentera pour sa part de se dépouiller de son esthétique européenne, pour remonter aux sources, espérant retrouver la vérité de l'homme (Huygue, 1959, p. 44). On remarque que dans ses peintures l'eau est assez souvent présente, comme dans *Pape Moe*, *Tahitiennes se baignant*, ou encore *I Raro Te Oviri*. Tout un cortège d'autres personnalités plus ou moins connues, de Paul-Émile Victor à Yoann de Kat ou Robert Hernandez, ont recherché ce retour vers des origines perdues par l'entremise de cette eau. D'autres, comme l'équipage du *Bounty*, ont en revanche et malgré eux construit une image ambiguë faite de libération mais aussi d'exil.

Ainsi, bon an mal an, le mythe des mers du Sud et de ses populations bienheureuses et accueillantes reste fortement ancré dans l'imaginaire collectif, relayé et amplifié aujourd'hui par les médias et les agences de voyage. Lorsqu'on saisit *Pacifique Sud* sur un moteur de recherche Internet dès la cinquième entrée, les vacances et le tourisme s'invitent. Pour Bora-Bora, par exemple, on peut lire le descriptif suivant : « La relative petite île de Bora-Bora est animée en permanence. Les visiteurs peuvent y faire des safaris en 4 x 4, prendre des bains de soleil et nager au bord de plages de sable blanc, plonger au milieu des poissons et des coraux dans un parc naturel sous-marin, se faire peur en nourrissant des requins. » Tout cela présente le Pacifique Sud comme un lieu et un territoire étonnement paradisiaques, exaltés par des publicités enivrantes. Pensons à celle de *Tahiti douche* où coule une « pluie sensuelle », au cœur d'une végétation luxuriante et d'un lagon toujours bleu.

L'eau, qu'elle provienne des sources, des rivières ou de la mer, engendre bien des formes de rêverie ou d'imaginaire qui de manière parfois étonnante se croisent, se mêlent ou se remplacent. Ainsi, alors que de nombreuses modifications se sont produites et que de nouveaux centres d'intérêt se manifestent et détrônent les anciennes coutumes, comme l'avait déjà exprimé Malinowski, des inversions mythiques apparaissent, comme dans le cas des Tahitiens eux-mêmes, qui se sont approprié le mythe de Tahiti construit par Bougainville, dans le cadre de leur nouvelle recherche identitaire (Faessel, 2006). Or, derrière le son des conques et la scène des représentations, n'existe-t-il pas d'autres partitions en train de voir le jour ? À ne regarder que ce que l'on veut voir, n'oublie-t-on pas les dysfonctions qui deviennent de plus en manifestes et difficilement maîtrisables[1] ? Qu'en est-il de cette eau qui était un don des dieux et qui semblait inépuisable et éternelle ? L'eau n'est-elle pas aujourd'hui fortement menacée ? C'est à ces quelques questions que nous tenterons de répondre dans la partie suivante.

2. Une eau menacée

Avant de poursuivre, nous poserons la question de savoir si la zone du Pacifique Sud est si pacifique que cela, comme l'avait dénommée Magellan, lors de son tranquille voyage entre les années 1520 et 1521. Les récits divers sur cette région du monde ne continuent-ils pas trop souvent d'occulter de nombreuses réalités sociales, politiques, économiques et environnementales ? Les représentations véhiculées ne forment-elles pas des filtres qui empêchent de voir la véritable nature des choses ?

2.1. Un Pacifique pas si pacifique

Depuis longtemps sur cet immense espace, les dynamiques culturelles ou identitaires, mais aussi économiques sont source de tensions et de frictions. Certes, naguère, les voyages entre les îles étaient envisagés pour se battre, pour faire la guerre, pour capturer des hommes, des enfants ou des femmes, mais aussi pour fuir les conflits ou pour se soumettre à des décisions d'expulsion (Monnerie, 2011). Cela ne représentait pourtant que des échelles relativement réduites. En revanche, l'appropriation des terres par les Européens obligea les insulaires à abandonner leurs habitations, engendrant de fait des animosités fortes qui se répercutèrent tout au long de l'histoire. Les querelles géostratégiques entre Anglais et Français se doublèrent d'un conflit religieux entre les catholiques et les protestants, tous « exaltés à l'idée d'amener à Dieu les derniers sauvages » (Bensa, 1990, p. 52). À

[1] L'eau est considérée comme une ressource inépuisable qui doit être accessible et gratuite pour tous. La mise en place par exemple de compteurs d'eau dans certaines communes de Polynésie est récente et est souvent mal acceptée. Cela démontre qu'il y a un fossé qui existe entre une réalité socio-économique et des attitudes ancestrales.

tout cela nous pourrions ajouter les bagnes ou la traite négrière, afin d'employer une main-d'œuvre à bon marché.

Dans les années 1940, la guerre du Pacifique a embrasé cette région du globe. Plus tard, les essais nucléaires, tant des États-Unis, sur les atolls de Bikini et les îles Marshall entre 1946 et 1958, que français, à Mururoa, ont provoqué des crispations nettes, sur lesquelles il ne sera pas nécessaire de revenir. Disons simplement que parfois les réactions étaient pour le moins paradoxales, comme pour les Japonais qui considéraient cela comme une tragédie pour leurs pêcheurs, sans tenir compte et en aucun cas des populations locales (Agniel & Pimont, *op. cit.*, p. 79). Les tensions entre États voisins ou plus éloignés, ou des conflits interethniques sont là pour nous rappeler que le Pacifique Sud n'est pas si paisible que cela. De nombreux ouvrages mettent d'ailleurs en perspective les tensions, les conflits, les drames qui semblent bien présents dans cette partie du globe, malgré les images idylliques qui sont régulièrement mises en scène[1].

Plus récemment et de son côté, le réchauffement climatique est devenu une source de préoccupations pour les régions arides, mais surtout pour les petits États insulaires que l'on retrouve dans cette zone du Pacifique. Les scientifiques tentent de modéliser et de calculer la montée des océans, liée à ce phénomène. Le Giec (Groupe d'experts intergouvernemental sur l'évolution du climat) en 2007 avait, pour sa part, envisagé une augmentation de 60 centimètres, bien que d'autres sources aient semblé plus alarmistes. Le souci est que de nombreuses villes ou bourgades se trouvent en bord de mer souvent dans les pays les plus pauvres. Le problème est certainement cette élévation, mais ce qui surprend le plus est la rapidité du phénomène où « l'origine semble être due à l'activité humaine » (Poirier, 2012, p. 97). Effectivement, comme l'écrivait de manière ironique un auteur comme Gras, si vous faites du feu dans une caverne, elle chauffe (Gras, 2007). On est bien loin de la thèse de Lomborg. Mais si, par diffusion, toute la planète est touchée, par un effet boomerang (Georges, 1992), cela destructure plus profondément certains territoires du fait par exemple de la salinisation

---

[1] On pourrait citer entre autres l'ouvrage dirigé par Boubin-Boyer (2008) en deux tomes, intitulé : *Révoltes, conflits et guerres mondiales en Nouvelle-Calédonie et dans sa région.*

des sols, cela perturbe et déstabilise aussi les pêcheries traditionnelles[1]. Le cas le plus typique, ou tout au moins le plus médiatisé, est celui de Kiribati où la mer envahit inexorablement ce petit territoire[2]. Cette situation dramatique nécessite le déplacement de villages entiers vers l'intérieur des terres, mais aussi provoque la contamination de l'approvisionnement en eau potable, là encore par la salinisation des sols.

Le phénomène El Niño[3] frappe significativement le Pacifique. Toutefois, il ne faut pas oublier certains phénomènes météorologiques récurrents. Les cyclones, par exemple, qui se sont abattus sur les Tuamotu de janvier à avril 1983, sont là pour l'attester. Ainsi, ces tempêtes ont causé 22 % des dommages pour l'archipel, et plus des trois quarts des atolls habités ont été touchés (Dupon, 1985), même si le nombre de victimes baisse au regard de celles du siècle précédent. Mais ces événements peuvent devenir socialement et culturellement dramatiques. Les travaux de Firth (1936), dans le cas des Tikopias, mettaient en évidence l'esprit communautaire qui liait ce peuple polynésien. Pourtant, à la suite du passage d'ouragans dévastateurs en 1952 et 1953, l'entente, les aides réciproques et la générosité se destructurèrent. Chaque maisonnée tenta de se défendre, les pillages se multiplièrent, et la structure sociale s'effondra. Ainsi, la crise mit à rude épreuve certaines tolérances structurelles et révéla l'extrême fragilité du célèbre « Nous » (Sahlins, 1976, p. 178).

Toutefois certaines questions se posent. Si la terre et les territoires font bien l'objet d'appropriation et de convoitise (Berger & Roques, 2008), qu'en est-il de l'eau ? Qu'en est-il de cette ressource qui fut à la base de la survie, mais aussi à l'origine de la construction de toutes sortes de mythes et de rituels locaux ?

---

[1] Le réchauffement climatique engendre une disparition des récifs coralliens et leurs écosystèmes, mais aussi une réduction des stocks de poissons utiles à la pêche traditionnelle.

[2] En fait dès 2005, Lateu dans l'archipel de Vanuatu fut le premier village déplacé à cause de la montée de l'océan.

[3] El Niño est un phénomène naturel récurrent de changement climatique, or celui-ci s'est véritablement amplifié depuis les années 1990.

2.2. Le problème de l'eau

Concentrons-nous ici sur certains problèmes que rencontre actuellement le Pacifique Sud, concernant ses ressources en eaux douces. Bien des régions dans le monde sont en stress hydrique, mais la situation du Pacifique Sud semble pour le moins préoccupante, voire alarmante. D'ailleurs, le dernier rapport du PNUE de 2012 est sans équivoque. Il montre bien que l'eau douce est menacée dans les îles du Pacifique. Ainsi, les économies et les moyens de subsistance sont en danger, comme par exemple pour l'accès à l'eau potable aux Fidji ou en Papouasie-Nouvelle-Guinée, ce qui est fortement problématique au vu des objectifs du millénaire pour 2015.

Niue de son côté, comme on l'a déjà vu, est une toute petite île qui voyait déjà dès les années 1990 une pénurie et une carence en matière d'approvisionnement en eau[1]. Dans les îles Tuvalu et Tokelau, en 2011, l'état d'urgence et le rationnement à deux seaux par jour et par personne étaient de mise. En effet deux phénomènes se superposent et engendrent une raréfaction de l'eau douce. Tout d'abord, depuis plusieurs années la sécheresse est récurrente. Ensuite, se combine un autre phénomène plus redoutable, celui de la montée des eaux, due sans aucun doute au réchauffement climatique. Ainsi, lors de grandes marées, les terres sont inondées et deviennent incultes à cause encore de la salinisation des sols.

Pour la même année 2011, une sécheresse exceptionnelle a touché toute la Polynésie. D'ailleurs, la situation était jugée par Météo France comme historique, avec des records de déficit pluviométrique aux Tuamotu, mais aussi aux Gambier ou à Tahiti. À Faa'a, la situation n'avait pas été aussi préoccupante depuis 1958, et à Moorea, une vingtaine de captages étaient à sec et six avaient atteint des seuils très critiques. Un peu plus à l'ouest, lors d'un de ses voyages en Australie en 2007, Orsenna constatait le même phénomène. Il écrivait que « jamais, de mémoire de statistiques climatiques, l'Australie n'avait connu pareille sécheresse : six millimètres de pluie en août, et pas plus de quarante durant chacun des mois d'hiver. Le plus grand réservoir

[1] Plus au nord-ouest aux Philippines, Claparols dès 1997 écrivait : « Les Philippines, bénéficiant d'une des précipitations les plus abondantes du monde, font cependant l'expérience de manque d'eau. La majorité de notre population, qui est de 68 millions d'habitants, est privée d'eau potable propre » (Claparols, 2002, p. 42).

alimentant Sydney était tombé à moins de 40 % de sa capacité » (Orsenna, 2008, p. 46)[1].

On voit par là que la zone du Pacifique Sud est en proie à des problèmes importants de sécheresse. Mais à cela on pourrait ajouter d'autres éléments factuels qui aggravent la situation locale quant à la raréfaction de l'eau potable, comme les pollutions diverses et notamment celles qui s'épandent dans les ruisseaux et les lagons. À Tahiti, par exemple, 48 % des embouchures de rivières sont impropres à la baignade. On pourrait aussi parler de la distribution de l'eau qui fait défaut en de multiples endroits. Pour Tahiti encore, moins de 15 % des communes fournissent une « eau de bonne qualité » et 60 % de la population n'y a pas accès[2]. Les causes de ces problèmes sont multiples, et nous ne prendrons ici que quelques axes explicatifs. Nous n'aborderons toutefois pas les facteurs climatologiques ou physiques, mais plutôt des éléments qui renvoient immanquablement à la modernité, à son cortège de croissances démographiques et urbaines, à sa demande de confort de plus en plus soutenue, à une agriculture toujours plus sélective et intensive, à une industrialisation sous-tendue par une démarche massivement productiviste.

Le premier facteur renvoie à la démographie qui est en hausse[3]. Il n'est pas question ici de porter un jugement sur ce point, tant il fait l'objet de débats depuis l'Antiquité, mais il semble logique d'affirmer que plus une population augmente, plus mécaniquement la

---

[1] Dans un sens opposé, on peut remarquer que, depuis deux ans, le Sud-Est de l'Australie est confronté à des inondations dévastatrices. Le barrage de Warragamba qui sert d'approvisionnement à Sydney a débordé.

[2] Ajoutons que seulement 25 % de la population de Tahiti est raccordée à une station d'épuration.

[3] La pénurie météorologique a été amplifiée par le second facteur, la pression démographique ponctuelle, comme nous l'a rappelé Pascale Berger dans le cas de Tahiti et de Mooréa. En effet, en avril 2011, l'île voisine de Tahiti a connu un afflux massif de population à l'occasion du long week-end pascal. De nombreux secteurs de l'île ont été perturbés, d'où la mise en place de consignes particulières à la population (coupures volontaires, interdiction d'arroser...) et aux différents hôtels de l'île (décalage des pratiques courantes d'entretien à la semaine qui suit le long week-end). Pour compenser ce manque d'approvisionnement, la commune a fait appel aux sapeurs-pompiers ont fourni de l'eau à ceux qui en avaient vraiment besoin (*La Dépêche de Tahiti du 27/04/2011*). Cet exemple de Moorea n'est pas isolé puisqu'il touche aussi parfois l'île de Tahiti et en particulier l'agglomération de Papeete (Arue, Papeete, Faa'a) où vit la majorité de la population polynésienne soit plus de 127 635 habitants.

consommation en eau croît, sauf en temps de pénurie extrême. La population de l'Océanie, par exemple, a franchi en 2011 le seuil de 10 millions d'habitants. Les prospectives envisagent un nombre d'environ 15 millions d'habitants pour 2035, certes avec des variations entre territoires. Selon le Secrétariat général de la communauté du Pacifique (CPS) la population du Pacifique ne cesse d'augmenter, et « la démographie des États océaniens explose » (Angleviel, 2008). Ainsi, de manière automatique, les demandes et les attentes des populations sont de plus en plus fortes, soit en termes de transport et donc d'énergie, soit en termes de nourriture, mais aussi d'eau pour tous les besoins quotidiens vitaux ou artificiels.

Le second point qui découle du premier s'explique plutôt par l'urbanisation, tant liée à la concentration des hommes qu'aux modifications de leurs modes de vie. En Polynésie française, cette concentration urbaine a démarré dès les années 1960 à Papeete, avec symétriquement le reste du territoire qui s'est vidé. Le rapport de 2011 de l'IEOM (Institut d'émission d'outre-mer) montre que, pour ce même territoire, il existe actuellement une concentration des populations dans les îles Sous-le-Vent et plus particulièrement à Tahiti qui en reçoit 63 %, avec un accroissement de la périurbanisation, alors même que l'on constate une absence d'installation et d'entretien des réseaux d'assainissement. S'il existe pourtant un manque d'infrastructures, il y a aussi un déficit de suivi administratif et peu de personnel qualifié, aucun plan de surveillance, une absence de traitements appropriés et un abandon ou une non-utilisation des unités de traitement. Cela ne soutend-il pas un manque de pragmatisme politique et une bonne dose de démagogie[1] ?

Pour leur part, Matteucci et Beyer, à l'extrémité est du Pacifique, au Nicaragua, mais c'est un bon exemple des problèmes liés aux modes de vie, mettent en évidence le lien entre l'urbanisation et les problèmes d'eau. Dans une perspective de développement notamment touristique, la prolifération des résidences secondaires semble provoquer des

[1] Le maire de la commune de Faa'a a fait installer des compteurs d'eau mais ceux-ci ne sont pas relevés. L'île de Moorea a une station de traitement des eaux usées construite en 2005 mais qui n'est toujours pas en fonctionnement à cause d'un problème de responsabilité entre la commune et le pays.

nuisances redoutables[1]. L'urbanisation mal contrôlée entraîne la destruction des mangroves, et l'exploitation des ressources naturelles locales, comme le bois, favorise l'érosion et la déforestation, ce qui ne peut entraîner que le lessivage des sols. Mais l'accès à l'eau pose un autre défi, et notamment en période sèche, dans la commune de San Joan del Sur. Les nappes phréatiques sont au plus bas et permettent à peine de subvenir aux besoins agricoles. Enfin, « les risques d'épuisement de ces réserves par l'exploitation de l'eau souterraine le long des côtes (...) augmentent les risques d'intrusion d'eau salée dans les nappes, lesquelles une fois contaminées peuvent rester polluées durant des années » (Matteucci & Beyer, 2009). De manière quasi identique, la situation est très tendue dans certaines autres zones plus à l'ouest, comme à Majuro ou à Fogafale, qui sont sous pression constante, avec 85 % à 90 % de la végétation qui est défrichée et où il est impossible que les terrains absorbent les eaux usées des zones urbaines, qui polluent ainsi les eaux souterraines.

Les derniers types de causalités renvoient aux productions agricoles et industrielles avec leurs cortèges de pollutions ou de gestion des sols très inadaptées. L'impact de la production agricole est sans aucun doute à la base de problèmes de ressources en eau ainsi que de sa gestion. Comme le rappelle Angleviel, que cela vienne des colonies de plantation ou de peuplement, l'influence sur les milieux, sur les écosystèmes et sur l'eau a été évidente. Dans le premier cas, le développement de la monoproduction a entraîné la disparition d'espèces mais aussi la diminution des ressources naturelles en eau. Dans le second cas, la destruction des forêts et leur transformation en pâturages ont favorisé l'érosion des sols, mais aussi la réduction de 85 % des marais et des zones inondables (Angleviel, *op. cit.*). Dans certaines zones du Pacifique et notamment au Pérou, afin d'irriguer certains territoires désertiques, plusieurs barrages ont été construits pour augmenter les périmètres agricoles et produire toute l'année. Ainsi, au lieu de conserver des types de cultures côtières qui étaient traditionnelles, comme des variétés de coton et de canne à sucre, les productions se sont tournées vers d'autres

[1] À l'opposé des classes aisées ou moyennes, les problèmes d'eau touchent les plus pauvres. Ainsi à Lima au Pérou, avec près de 8 millions d'habitants, où l'eau est rare avec la rivière Rimac qui n'a qu'un faible débit, les familles pauvres paient aux vendeurs d'eau des sommes vingt fois plus élevées que ce que paient les autres classes raccordées à l'eau courante.

produits comme le riz et les asperges qui absorbent de fait beaucoup d'eau (Durt, 2002, p. 142).

L'impact industriel est aussi notoire. Dans le haut Sepik en Papouasie-Nouvelle-Guinée, la société BHP exploitait en 1996 le site de la mine d'or et de cuivre d'Ok Tedi, et l'on sait les dégâts que peuvent occasionner de telles industries d'extraction (voir l'article de Paul d'Arcy). Ainsi, pendant plusieurs années, la rivière Fly, proche du site minier, a été polluée par des dizaines de milliers de tonnes de terres d'excavation concentrant des produits chimiques acides. Mais ce bilan de l'époque était encore plus dramatique, lorsqu'on sait que, « actionnaire de la mine à hauteur de 30 %, le gouvernement papou a délivré les autorisations nécessaires à l'exploitation du site, en sachant pourtant que les dégâts écologiques ne manqueraient pas d'être occasionnés sur l'environnement. Le constat est indéniable : l'eau de la rivière n'est désormais plus potable et il fallu l'interdire à la baignade et à la pêche » (de Deckker & Kuntz, 1998, p. 198). La même compagnie BHP, en Australie, exploitant le site aurifère de New Moon, utilise pour le nettoyer des miasmes dangereux ou nauséabonds près de 7 millions de litres d'eau par jour, gérée par la compagnie Veolia (Orsenna, *op. cit.*, p. 54). Toujours en Australie, et plus nettement à Adélaïde, l'eau non seulement est très rare mais, comme dans le cas de la rivière Murray[1], elle est très polluée (Poirier, *op. cit.*, p. 158).

[1] Orsenna écrivait à ce propos et devant les multiples aménagements de cette rivière : « Pauvre rivière Murray ! On dirait le cliché radiologique d'un polytraumatisé avec les attelles, les longues vis perçant les os, les plaques de fer, ces très ingénieux bricolages qui sauvent les jambes et la vie » (Orsenna, *op. cit.*, p. 51).

3. Des conséquences ambivalentes

Les conséquences qui impactent soit sur la qualité de l'eau, soit sur la raréfaction de la ressource peuvent être redoutables, mais quels sont les risques encourus surtout chez les populations les plus vulnérables ? S'il existe des risques objectifs, n'avons-nous pas affaire à une forme d'appel paradoxal à la modernité ?

3.1. Souffrances et risques

Tout d'abord, on peut mettre en avant les pollutions, comme on l'a vu, mais surtout les problèmes de santé publique, de mortalité et de morbidité. En Nouvelle-Calédonie, la moitié des habitants de Nouméa ne sont pas raccordés aux stations publiques, et 60 % des effluents d'eaux usées domestiques de la ville sont rejetés en milieu naturel. On a déjà pointé ce problème dans les cas des embouchures de rivières à Tahiti. Si de nombreuses communes de Polynésie bénéficient d'une eau de très mauvaise qualité, on constate des problèmes de salmonelles liés à un réseau de distribution non désinfecté. Ainsi, comme le précise le PNUE, ce qui fait réagir Catarina de Albuquerque qui exhorte les États à investir, 10 % des décès infantiles dans la région sont attribués au problème de l'eau, et 90 % de ces décès viennent de l'iniquité des systèmes de traitement des eaux usées. Dans certaines îles du Pacifique et plus nettement sur certains atolls, l'utilisation d'eaux souterraines polluées consommées pour la boisson ou la cuisine entraîne des diarrhées, des hépatites, ponctuellement des épidémies de typhoïde et de choléra, et des encéphalites japonaises, comme en Papouasie, du fait de la production de riz associée à l'élevage de porcins.

Ensuite, on peut prendre en compte le problème des migrations. On sait, par exemple, que les représentants de Tuvalu ont envisagé de faire émigrer leur population. Des demandes ont été faites aux autorités australiennes qui ont refusé, puis à celles de Nouvelle-Zélande qui ont accepté sous réserve de conditions drastiques. Outre que les migrants potentiels doivent être des ressortissants de Tuvalu, il faut qu'ils aient entre 18 et 45 ans, avec une connaissance minimale de l'anglais, qu'ils possèdent une offre d'emploi et qu'ils n'aient pas résidé illégalement auparavant sur le territoire. Si l'on peut comprendre les raisons de cette limitation, on peut aussi mettre en évidence les risques de marginalisation de ces populations concentrées dans des banlieues, mais surtout les pertes d'identité qui en résultent[1]. Dans cette logique de migration due en partie aux problèmes d'eau, il ne restera donc de fait sur certaines îles du Pacifique que des pauvres et des vieillards.

Un dernier risque est celui de la dépendance totale de certains territoires, renvoyant au bon vouloir d'autres puissances. Dans la petite île de Manono dans les Samoa, les habitants dépendent totalement de l'eau de pluie. Le problème est que, en cette période de raréfaction d'eau, ils sont amenés à aller chercher cette ressource sur l'île voisine. Le Lion's Club a financé 40 panneaux solaires pour un petit système de dessalement de l'eau de mer, où le sel est utilisé pour la cuisine, ce qui faisait dire à Leao Akeripa « qu'un des aspects positifs est son respect de l'environnement ». Pour les îles Tuvalu et Tokelau en 2011, la Nouvelle-Zélande par l'entremise de la Croix-Rouge a été obligée d'envoyer un module de dessalement de l'eau de mer, d'une capacité de 43 000 litres par jour. Le souci est que pour la population totale cette quantité reste insuffisante. Pour sa part, l'archipel des *Tuamotu* est essentiellement composé d'atolls qui reçoivent peu d'eau de pluie, et leurs nappes phréatiques (lentilles d'eau douce) sont rares voire inexistantes. De ce fait, l'eau de pluie est stockée dans des citernes mais est aussi consommée sans traitement préalable, hormis une pellicule de gasoil destinée à éviter les proliférations de moustiques. La population utilise donc une eau souvent saumâtre et boit de l'eau en bouteilles acheminée de Tahiti, ce qui augmente considérablement son prix et la dépendance des habitants. *A contrario*, et de manière tout à fait surprenante, aux Fidji, une importante quantité d'eau est destinée aux exportations vers les États-Unis notamment.

3.2. Un appel paradoxal à la modernité

La modernité et l'ensemble de ses avatars ont imprimé une dynamique particulière à toute la planète. Elle se définit par cette centration autour des idées d'évolution, d'avancée, de progrès, de rationalisation. Forte de ces aspects, elle a imposé, à tous et en tout lieu, ses lois et ses valeurs. Par la puissance qu'elle a développée, les

---

[1] On peut penser ici à Nauru qui a installé contre une compensation financière de l'Australie un centre de rétention d'immigrés clandestins.

exégètes de la modernité caricaturent la tradition. Ils l'ont enfermée dans des schémas réducteurs et caricaturaux, en l'assimilant à la simple reproduction de valeurs et de normes désuètes, à des croyances et à des comportements irrationnels.

On peut alors admettre qu'il existe des logiques qui sont attirées, voire captivées par le progrès, et notamment par l'idéal qu'il propose, mettant en exergue les valeurs mais surtout les bienfaits et les avancées[1]. Le progrès aurait libéré l'individu de la tradition et de toute forme d'aliénation. Si, comme l'a bien montré Habermas, méthodologiquement les sciences ne savent pas ce qu'elles font, elles sont d'autant plus sûres de leur discipline. Elles instituent une domination importante et imposent leur raison pratique. Si les sciences et les techniques fonctionnent dès lors comme des idéologies (Habermas, 1973), non seulement elles participent à l'explication du monde, mais aussi et surtout elles apparaissent comme les seules à pouvoir régler, gérer ou éviter les problèmes. Tout peut être expliqué par la science et tous les problèmes peuvent être résolus par la technique. Ainsi, comme la modernité fait pression sur toutes les régions du globe et dans ses moindres interstices (Roques, 2009), on en appelle évidemment à celle-ci alors qu'elle est en partie responsable des problèmes environnementaux et humains contemporains. À Tuvalu, touché par les problèmes d'eau, certaines initiatives veulent transformer cette petite nation en éconation. Celle-ci deviendrait de fait un modèle pour le développement durable. Certes nous avons là une bien louable initiative, sauf que dans cinquante ans l'île sera peut-être devenue inhabitable. S'il n'est donc pas question de réduire la modernité aux seules techniques,

[1] Dans ce cadre, il est couramment fait référence à la révolution domotique d'après-guerre qui aurait libéré les individus et leur aurait offert plus de temps libre. On valorise les bienfaits de la machine à laver, du micro-ondes, de la télévision et de l'ensemble des éléments présents dans une habitation. On met en exergue la mise en place des réseaux d'eau, les constructions des systèmes d'assainissement, l'accès à l'énergie plus facile, qui auraient évité pour les individus les nombreuses corvées quotidiennes et entraîné une meilleure hygiène et un recul de certaines maladies. Il est fait référence aux effets bénéfiques de certaines inventions, comme notamment l'automobile, le téléphone ou l'informatique, qui auraient libéré les humains. Il est fait référence aux avancées médicales, qui auraient engendré une progression des âges de vie et un recul de la mortalité infantile. Dans cette panoplie du progrès, on affirme que la fin de la malnutrition est liée à l'augmentation de la productivité agricole, tout au moins pour les sociétés occidentales.

nous présenterons pourtant ici quelques axes et orientations qui les lient intimement.

La technique est perçue tout d'abord comme symbole du développement. Les problèmes sont alors occultés. Pensons ici au constat relatif à l'Asie du Sud mais qui paraît valable pour la zone du Pacifique. Alors que « les décideurs, les médias et les intellectuels restent à la remorque de l'Occident en ce qui concerne la gestion des ressources en eau, ironiquement, les puissances occidentales ont fait preuve de plus d'intelligence en exploitant des idées et des pratiques créatrices. Grâce à l'héritage colonial, les élites (...) continuent d'emprunter des idées et des pratiques appartenant à une époque révolue de l'histoire de l'Occident. Ainsi, quand les grands barrages font, en Occident, l'objet de sévères critiques parce que économiquement ils sont injustifiables, socialement nocifs et dangereux pour l'environnement, en Asie du Sud, ils sont considérés comme des symboles de développement » (Ahmed, Dixit & Nandy, 2002, p. 70). Mais n'y a-t-il que les élites qui aspirent à la modernité ? On pourrait en douter.

Dans cette logique de développement, le loisir est vu comme la panacée universelle, et la technique comme permettant de gommer les problèmes d'eau pour les heureux touristes. L'île de Bora-Bora par exemple est la plus touristique de Polynésie. Elle a entrepris depuis quelques années une véritable politique de l'eau potable. Il faut dire que l'île a connu pendant longtemps d'énormes problèmes d'accessibilité à l'eau potable. Le réseau d'adduction d'eau, construit par les Américains pendant la guerre de 1939-1945, a entièrement été rénové, et les nombreux hôtels de l'île ont été priés d'investir dans des systèmes d'osmoseurs et des stations d'épuration. Il semble que les divers acteurs soient donc sensibilisés sur l'ensemble du territoire. Or les programmes de construction en Polynésie privilégient certes les zones à forte densité, mais surtout les espaces à vocation touristique. Les autres peuvent attendre le train de la modernité.

Enfin, si aux petits problèmes il y a les petits moyens, aux grands soucis on retrouve les grandes œuvres. Ainsi, à Antofagasta au Chili, il n'y a pas de réserves d'eau douce. Pour pallier le problème, la ville qui est construite au bord de l'océan Pacifique dispose d'une « réserve inépuisable d'eau salée ». Ainsi, une usine de dessalement[1], dont le coût est de 92 millions d'euros, permettra de régler le problème d'eau pour environ 350 000 habitants. L'entreprise Aguas Antofagasta SA justifie ce choix technologique par la croissance importante de la ville, liée au développement des activités minières de la région, sans pour cela réfléchir à de quelconques modifications des modes de vie.

Mais alors, dans cette avancée hyperbolique de la modernité et des techniques, pourquoi ne pas envisager de recourir aux approches des mégastructuralistes, en imaginant des mégamachines qui se situent au-dessus du sol, avec des ponts gigantesques qui relient les îles entre elles ? Pourquoi ne pas envisager des aqueducs monumentaux qui apporteraient l'eau venant du pôle Sud ? Pourquoi ne pas faire venir du pôle Nord (ce qui est d'ailleurs déjà pensé) des icebergs ? L'appel à la technologie ne recule devant rien, puisqu'on retrouve cette attirance dans le cas concret de Kiribati, qui en 2011 étudiait la possibilité de déplacer les habitants sur des plateformes géantes. Comme le précisait son président, Anote Tong, « cette idée sonne comme de la science-fiction, mais nous envisageons tout parce que nous sommes à court d'options. Il ne s'agit plus de s'adapter à un environnement changeant mais de survivre. Si vous étiez confrontés, avec votre famille, à la possibilité de voir votre maison submergée, sauteriez-vous sur une île artificielle ? Je pense que la réponse est oui ». Cette solution, qui a un coût d'environ 1,42 milliard d'euros, n'est pourtant pas accessible aux nations pauvres.

[1] Une des techniques consiste à pomper l'eau vers des réservoirs à basse pression, puis à la réchauffer. Après ébullition, la vapeur d'eau est conduite dans un autre réservoir. Cette technique a non seulement un coût très élevé qui n'est pas à la portée de la majorité des petits pays, mais elle consomme des énergies fossiles et rejette des cristaux de sel qu'il faut stocker.

Conclusion

Pour conclure ce texte, on peut dire que « l'homme laisse s'exprimer dans ses actions tous ses génies bons ou mauvais, et fait preuve tantôt de compétence ou d'incompétence, de prudence ou d'imprudence » (Trichet & Leblic, 2008). Sans vouloir jouer les Cassandre, on constate qu'il existe une véritable menace sur l'eau douce dans le Pacifique Sud. Elle se raréfie, elle est polluée. Les sols se salinisent et deviennent impropres à la culture. On est donc bien loin des images idylliques et paradisiaques véhiculées. La modernité et ses conséquences ont été censées amener du bien-être, or elles ont engendré des problèmes notoires, notamment concernant les ressources en eau. Mais par effet tout à fait surprenant, il est fait appel à la modernité et aux techniques afin de pallier les problèmes. Tout cela n'engendre alors qu'un cercle vicieux dont cette zone aura des difficultés à se défaire.

Bibliographie

Agniel G. & Pimont Y., *Le Pacifique*, Paris, PUF, 1997.

Ahmed I., Dixit A., & Nandy A., « L'eau, l'électricité et la population », *In Centre Tricontinental,* L'eau, patrimoine commun de l'humanité, Paris, L'Harmattan, 2002, pp. 67-77.

Anderson A. « L'occupation des îles du Pacifique ». In Burenhult, G. *Grandes civilisations*, Paris, Larousse, 2003, pp. 355-375.

Angleviel F., « Environnement et anthropisation dans le Pacifique : dégradation et mutation », *Journal de la société des Océanistes*, N° 126-127, 2008, pp. 113-126.

Bensa A., *Nouvelle-Calédonie : Un paradis dans la tourmente,* Paris, Gallimard, 1990.

Berger C & Roques J.-L., *L'eau comme fait social : Transparence et opacité dans la gestion locale de l'eau*, Paris, L'Harmattan, 2005.

Berger C. & Roques J.-L., *La terre comme objet de convoitise : Appropriation, exploitation, dégradation*, Paris, L'Harmattan, 2008.

Boubin-Boyer S., (dir), *Révoltes, conflits et Guerres mondiales en Nouvelle-Calédonie et dans sa région*, Paris, L'Harmattan, 2008.

Bulletin quotidien de l'ONU., « PNUE : Les îles du Pacifique menacées par le manque d'eau », Lundi 23 avril 2012. N° PPQ/5663

Burenhult G., « Les monuments de pierre du Pacifique Sud », *In* Burenhult, G. *Grandes civilisations*, Paris, Larousse, 2003, pp. 377-395.

Centre Tricontinental., *L'eau, patrimoine commun de l'humanité*, Paris, L'Harmattan, 2002.

Claparols A.-M., « La crise de l'eau aux Philippines », *In* Centre Tricontinental, *L'eau, patrimoine commun de l'humanité*, Paris, L'Harmattan, 2002, pp. 41-43.
Deckker (de) P. & Kuntz L., La bataille *de la coutume et ses enjeux dans le Pacifique Sud,* Paris, L'Harmattan, 1998.
Dupon J.-F., *Disater prepared ness and disaster expérience in French Polynesia*, PIDP, Hawaï, Eaest Wets Center Honolulu, 1985.
Durt E. « Au Pérou, l'eau vaut de l'or », *In* Centre Tricontinental., *L'eau, patrimoine commun de l'humanité*, Paris, L'Harmattan, 2002, pp. 141-146
Eliade M., *Le mythe de l'éternel retour*, Paris, Gallimard, 1969.
Faessel S., *Visions des îles. Tahiti et l'imaginaire européen. Du mythe à son exploration littéraire (XVIIIe-XXe siècles)*, Paris, L'Harmattan, 2006.
Firth R., *We, the Tikopia*, Londres, Allen and Unwin, 1936.
George S., *L'effet Boomerang*, Paris, La Découverte, 1992.
Gras A., *Le choix du feu*, Paris, fayard, 2007.
Habermas J., *La technique et la science comme « idéologie »*, Paris, Gallimard, 1973.
Malinowski B., *Les Argonautes du Pacifique occidental*, Paris, Gallimard, 1969.
Matteucci X. & Beyer M., « Les résidences secondaires sur la côte Pacifique Sud du Nicaragua : Une stratégie de développement et ses conséquences », *Études Caribéennes* (En ligne), N°13-14, décembre 2009.
Monnerie D., « Quels changements de paradigmes pour les études océanistes ? », *Journal de la société de océanistes*, 133, 2eme semestre 2011, pp. 403-414.
Orsenna. E., *L'avenir de l'eau : Petit précis de mondialisation*, Paris, Fayard, 2008.
Perez C., *Échappée Pacifique*, Paris, L'Harmattan, 2011.
Poirier J.-P., *L'eau : objectif du millénaire ? Ou l'incurie des États*, Gémenos, Autres Temps, 2012.
Roques J.-L., *La fin des petites villes : Une modernité envahissante*, Paris, L'Harmattan, 2009.
Rousseau J.-J. (1754). *Discours sur l'origine et les fondements de l'inégalité parmi les hommes,* Paris, Bordas, 1985.
Sahlins M., *Âge de pierre, âge d'abandon*, Paris, Gallimard, 1976.
Trichet J. & Leblic. I., « Présentation ». *Journal de la société des Océanistes*, N° 126-127, Spécial Environnement dans le Pacifique Sud, 2008.

CHAPITRE IV

L'ÎLE DE MOOREA, DE L'OCÉAN NOURRICIER À LA MER RÉCRÉATIVE

***Le plan de gestion des espaces marins comme promoteur d'un lagon urbain/ludique au détriment du lagon rural/ vivrier*[1]**

François FÉRAL

Introduction situationniste

L'île de Moorea est aujourd'hui célèbre dans le monde entier en raison de sa proximité de l'île de Tahiti dont elle est distante au nord-ouest de seulement 17 kilomètres (quelques minutes en avion et une demi-heure de bateau) ; elle est connue également en raison de sa notoriété historique et écologique. Ont également contribué à sa célébrité touristique de nombreux travaux scientifiques ainsi que la visite et la célébration de l'île par des voyageurs célèbres. Parfaitement visible depuis presque toute la côte nord de Tahiti, il n'est pas un

[1] Cette étude a été réalisée grâce aux données recueillies dans le cadre du programme de recherche ANR, Gouvernance des aires marines protégées pour la gestion durable de la biodiversité et des usages côtiers, GAIUS, étude comparatiste de 6 aires marines protégées de Méditerranée et d'outre-mer. Ont en particulier inspiré ce travail : Gaspar C. & Bambridge T., 2008, pp. 232-245 ; Cazalet B., 2008, p. 391-408 ; Salvat B., Cazalet, B., & Féral F., 2008, p. 34-41 ; Féral F., 2009. On pourra également se référer aux rapports suivants du programme GAIUS : Cazalet B., 2008 ; Féral F., 2008 ; Chaboud C., & Méral Ph., 2008.

visiteur qui de Papeete ne se soit rendu à Moorea, devenue l'archétype de l'île de rêve plus encore que son ainée en raison de son image « rurale » et paradisiaque.

C'est une île haute du Pacifique Sud qui se présente comme un triangle isocèle de 134 kilomètres carrés entouré d'un lagon régulier d'une largeur ne dépassant pas 1,5 kilomètre. Moorea est séparée de Tahiti par un chenal dépassant par endroit les 1 500 mètres. L'« île sœur » de Tahiti possède deux baies principales : la baie d'Opunohu (ce nom vient des mots tahitiens *opu* : le ventre, et *nohu* : le poisson-pierre) et la baie de Cook (du nom du célèbre navigateur James Cook). Elle est entourée par une barrière de corail ouverte sur l'océan Pacifique par 12 passes[1]. Plus des trois quarts de sa superficie sont constitués de pics volcaniques inaccessibles. Comme l'île de Moorea compte aujourd'hui environ 20 000 habitants[2], ils sont principalement concentrés sur un linéaire côtier d'un peu plus de 60 kilomètres et dans d'anciens villages occupant de courtes vallées. Une noria de ferries et un aérodrome alimentent l'île en visiteurs et résidents : pendant les vacances et les week-ends, Moorea voit sa population croître considérablement et la pression anthropique est en augmentation constante : on évoque une croissance de 1 000 habitants par an[3].

C'est dans ce contexte qu'à partir de 2001 s'est laborieusement mis en place le Plan de gestion de l'espace marin de Moorea (PGEM), dont l'objet était de réguler et de contrôler les usages de son lagon, désormais fortement sollicité par de multiples acteurs[4]. Dans cet environnement

---

[1] Cf. en annexe 6 une vue géographique de l'île grâce à la carte du plan de gestion marine de Moorea.

[2] Regroupés dans plusieurs villages principalement sur le littoral : Teavaro, Maharepa, Paopao, Papetoai, Haapiti, Afareaitu, Tiaiaet Vaiare. Elle compte 8 montagnes, en partant du point culminant de l'île : le mont Tohiea (1 207 m), le mont Rotui (899m), le mont Mouaroa (880 m), le mont Mouaputa (830 m), le mont Tearai (770 m), le mont Tautuapae (769 m), le mont Fairurani (741 m) et le mont Matotea (714 m).

[3] Institut polynésien de la statistique : la population de Polynésie a triplé en quarante ans : avec une population urbaine concentrée à 75 % dans les îles du Vent (185 000/245 000) et un exode et une dépopulation dramatiques de la plupart des autres îles polynésiennes (Marquises, Australes et Gambier en particulier) : cf. les annexes 1, 2 et 3 infra.

[4] Le PGEM a mis en place un zonage de protection de huit aires marines, recommandé des règles d'usage, la mise en place de procédures de concertation, des actions de suivi, de restauration et de surveillance…

particulier, le PGEM a en effet été confronté à trois difficultés : une intensification de la fréquentation du lagon pour de multiples usages récréatifs liés au tourisme et aux loisirs citadins ; un phénomène de surpêche, d'autant plus difficile à maîtriser qu'il est diffus et généré par d'innombrables acteurs ; un phénomène de dégradation du milieu lagonaire en raison de nombreuses pratiques de remblaiements, rejets, appropriations, emprises illégales.

Le PGEM se présente d'abord comme un ensemble de mesures de polices spéciales de l'environnement, de la pêche et du domaine public maritime[1]. La complexité du cadre juridique, où sont feuilletées les différentes compétences administratives et les difficultés d'application des règles de gestion, apparaît comme un problème majeur, cependant il est plus pertinent d'approcher ce phénomène en considérant le PGEM comme : « une institution d'initiative centralisée, participant au processus d'intégration urbaine de l'île de Moorea, dans la sphère d'influence socioéconomique et politique de la ville de Papeete et du territoire de Polynésie ». Ici se trouve le mécanisme de dépossession des populations locales par le biais d'une institution administrative.

Les nouvelles activités urbaines drainent désormais des richesses croissantes et elles concernent des populations de plus en plus nombreuses : la gestion de l'environnement implique l'intervention de tous les niveaux d'administration publique (centralisé, décentralisé et déconcentré). L'assemblage de ce projet de protection, réalisé avec des liaisons institutionnelles bancales, rencontre des difficultés opérationnelles qui sont révélatrices des difficultés plus générales de l'action publique en Polynésie. Au demeurant, ce désordre institutionnel profite en définitive aux forces économiques et financières qui s'accaparent aujourd'hui la côte et son lagon.

---

[1] Un manque de clarté juridique dans la répartition des responsabilités et des compétences des collectivités publiques concernées par le PGEM rend délicate l'application des différentes règles de police. Les autorités locales, territoriales et étatiques ont des difficultés à réglementer et infléchir des pratiques qui paraissent ancrées dans des postures sociales traditionnelles, ou considérées comme telles… car, incontestablement, « la tradition a bon dos ». En fait, des pratiques nouvelles de braconnage, de loisirs nautiques ou d'accaparement d'espaces se travestissent derrière une tradition fallacieuse.

1. La toile de fond du plan de gestion : le processus d'intégration urbaine de Moorea

À partir des années 1960 et 1970, la notion d'intégration urbaine a été étudiée et définie comme « le processus d'extension spatiale des fonctions urbaines et le processus de dépendance socioéconomique des espaces ruraux adjacents[1] ». Très schématiquement, cela signifie que la « ville-centre » étend ses besoins spatiaux, ses flux monétaires et ses flux de services à des communes adjacentes de plus en plus éloignées ; celles-ci voient ainsi leurs activités et leurs fonctions socioéconomiques inféodées à la ville. Cette intégration urbaine se mesure grâce à l'analyse des évolutions des recensements communaux. Ainsi, pour observer le phénomène d'intégration, l'unité d'analyse est la commune, une grille de lecture dont la commodité est incontestable : c'est une circonscription spatiale stable, d'une part appuyée sur une institution titulaire d'une autonomie de décision et de gestion, et qui d'autre part fournit d'abondantes données statistiques régulières qui permettent de mesurer des évolutions et des tendances en termes d'activités et de flux démographiques[2].

Progressivement, avec les modifications de modes de vie, les communes adjacentes à la municipalité-centre dépendent de plus en plus de ces flux et on observe une fonctionnalisation de leurs espaces et de leurs activités par référence aux besoins de la ville. Sur le plan institutionnel et financier, ces communes autrefois considérées comme rurales sont autonomes : municipalités à part entière, titulaires de la personnalité juridique et d'institutions démocratiques, elles ont le même statut juridique qu'en métropole[3]. La loi en particulier, et ce principe est

---

[1] Cf. par exemple les thèses en économie déjà anciennes de Berger A., 1966. Plus récemment en réactualisant cette démarche Berger A. *et a*l., 2005.

[2] Cf. Les travaux de Julien Vucher-Vésin de l'Institut polynésien de la statistique « Analyse socio-économique –restrictions des zones de pêche dans le cadre des aires maritimes protégée en Polynésie » *IRCP,* Moorea novembre 2012, *International Training Seminar on Governance of Marine Protected Areas in the South Pacific* ; utilisation fine et pertinente des recensements.

[3] La multiplication des structures intercommunales a institutionnalisé le phénomène d'interdépendance : syndicats, districts, villes, ces nouvelles institutions ont pour principal objet de répartir et de fonctionnaliser l'espace citadin et d'accompagner l'intégration urbaine. L'intercommunalité métropolitaine apparaît clairement comme la réponse de gouvernance alors que l'intercommunalité n'existe que d'une manière très embryonnaire en Polynésie.

également valable pour le territoire polynésien, n'établit pas de hiérarchie entre les collectivités décentralisées : le gouvernement de Polynésie n'a donc pas d'autorité sur la commune de Moorea, mais il entend y exercer ses politiques domaniales et environnementales. Communes agricoles, communes rurales ont longtemps été opposées aux espaces urbains, comme si elles étaient distinctes de l'économie et des modes de vie citadins. En réalité, l'examen des évolutions démographiques à travers leurs recensements démontrent que ces communes sont intégrées plus ou moins étroitement au processus d'extension de la ville en termes de flux monétaires et d'activités.

On parle ainsi de communes-dessertes pour des municipalités accueillant des infrastructures urbaines (décharges, stations d'épuration, ports, aéroports…) ; de communes de services dans des municipalités accueillants les zones de grandes surface qui servent principalement aux habitants de la ville proche ; d'espaces résidentiels pour les communes-dortoirs ; d'espaces de production pour fournir les matériaux et réaliser les matériels de la ville ou sous-traiter des opérations de grandes entreprises citadines (carrières, stockages de matériaux et de matériels, activités d'assemblage, de réparation ou de conditionnement…) ; de communes d'approvisionnement pour les espaces productifs de marchandises destinées au marché urbain (matériaux de construction, maraîchage, pêche…).

La commune-centre, pour sa part, accueille l'administration et l'emploi tertiaire, les fonctions de pilotage et d'incitation. L'examen des fonctions municipales et des migrations quotidiennes illustre l'interdépendance des tissus communaux.

2. Moorea, commune touri-résidentielle et d'approvisionnement intégrée au développement urbain de Papeete

Papeete a besoin d'espaces résidentiels et récréatifs, et l'économie touristique de l'archipel du Vent est avide d'espaces emblématiques que n'offre plus réellement l'île urbanisée de Tahiti. L'accélération de la diffusion de l'économie citadine se signale par la croissance démographique, l'emprise des infrastructures urbaines, résidentielles ou touristiques (habitations, port, aéroport, routes, golf, embarcadères, plages artificielles), les emplois et les entreprises de services. Cette nouvelle économie véhicule une nouvelle représentation récréative du lagon qui n'est guère compatible avec la conception vivrière des habitants autochtones les moins urbanisés.

2.1. Le basculement d'une économie vivrière vers l'économie citadine

Il peut sembler étrange d'appliquer les analyses d'intégration urbaine des pays industrialisés à une île du Pacifique Sud. Pour la commodité de nos analyses, considérons que l'île de Moorea a été jusqu'au début des années 1960 un espace rural polynésien, même si cette notion ne rend pas compte d'une situation insulaire spécifique car elle a toujours entretenu probablement des liens fonctionnels avec Tahiti[1]. Dans cette situation initiale, les flux démographiques sont encore faibles, les flux financiers limités, et les activités sont principalement autocentrées, l'espace insulaire présente une relative spécificité socioéconomique.

Pour schématiser encore notre approche, on peut observer que, durant cette même période, selon d'ailleurs une succession très diverse d'institutions, la population autochtone de l'île a une conception et une pratique vivrières du lagon, faisant que tout un chacun tire une partie ou la totalité de sa subsistance de la pêche lagonaire ; la régulation de l'accès se pratique alors au niveau des villages selon le modèle

[1] Cf. *op. cit.*, Gaspar C. & Bambridge T., sur ces liens et sur une histoire multiséculaire bien antérieure à la colonisation ; Moorea a été en particulier une « île refuge » lors des guerres précoloniales.

communautaire[1]. Il existe donc, dans les représentations sociales des populations autochtones de Moorea, un usage vivrier du lagon qui s'inscrit dans les habitudes et les relations nouées avec ses richesses. Cette conception se retrouve dans toutes les îles de Polynésie, ancrée dans l'histoire et les représentations. Celles-ci alimentent l'idée que tout un chacun peut pêcher dans le lagon à sa convenance et selon ses besoins ; elle est renforcée par l'histoire insulaire dans laquelle la mer est un prolongement des terroirs vivriers traditionnels. Cette conception correspond à une intégration de l'espace et des richesses naturelles dans des pratiques sociales dominées par une économie de subsistance. Dans ce cadre, l'origine des normes sociales puise dans la tradition, les règles s'inspirent de principes juridiques principalement élaborés au sein d'un groupe relativement autonome[2].

Le déferlement du phénomène touristique et résidentiel des deux dernières décennies transforme profondément ces fonctions socioéconomiques initiales de l'île, érigée en commune et organisée en différentes communes associées. Depuis une trentaine d'années et en raison de la proximité de Papeete, la capitale du territoire, les nouvelles commodités de déplacement et les flux financiers ont intégré Moorea à la logique de développement urbain de Tahiti[3]. La position géographique de l'île est à cet égard exceptionnelle : hors de la ville et séparée d'elle par son insularité, c'est l'archétype de l'île paradisiaque du Pacifique, mais elle en est assez proche pour ne pas se priver de ses services : emplois, hôpital, administrations publiques, supermarchés et leurs produits urbains sophistiqués, ports et aéroport international.

---

[1] Le modèle communautaire repose sur la discipline de groupe appliquée à un territoire halieutique. Cf. les premiers travaux de l'IRD sur l'île de Moorea. Ce modèle de régulation dans le passé polynésien, et dont parlent les habitants de Moorea en évoquant le *ra-hui*, forme de discipline traditionnelle. Cf. Gaspar C. & Bambridge T., *op. cit.*, : « Le ra-hui est sans doute une des fonctions les plus importantes d'un chef à la tête d'un groupe de parenté. Il se caractérise par la propriété qu'a le arii de poser des restrictions sur les activités de pêche, de cueillette ou d'agriculture. »

[2] Cf. sur cette discipline traditionnelle sur les îles de Polynésie, Bambridge T., « L'exploitation des terres indivises à Tupuai : représentations et pratiques », *In* « Le foncier en Polynésie française », *AJPF*, Papeete, 2009, pp. 143-157.

[3] À noter que dès les années 1970 les travaux de l'ORSTOM signalent les effets délétères de l'intégration de Moorea à Tahiti sur la gestion des terres et du lagon ainsi que sur la destructuration de la société de Moorea.

L'arrivée importante de populations résidentielles, touristiques ou récréatives a pour premier effet de fonctionnaliser la commune de Moorea dans l'orbite de la ville. Ainsi, à partir des flux démographiques, les fonctions urbaines de plusieurs natures rapportées à la commune sont identifiables : la résidence active (espace dortoir), la résidence passive (espace de retraite), le loisir touristique (industrie et artisanat touristique), le récréatif hebdomadaire (loisirs de week-end). À la marge, on peut trouver d'autres activités intégrées faisant de l'île de Moorea un fournisseur de marchandises pour la ville : l'approvisionnement en productions artisanales, alimentaires (produits halieutiques et agricoles).

Les effets de cette intégration sont considérables : augmentation des prix du foncier, multiplication des services et des emplois d'accompagnement du phénomène touri-résidentiel (secteur de la santé, construction et travaux publics, services touristiques, administration publique, transports, loisirs, restauration et approvisionnement, communications, entretiens des infrastructures). Le visage économique de Moorea se transforme profondément, avec son cortège d'activités nouvelles et de recomposition de marchés.

2.2. Le lagon de Moorea et sa représentation urbaine récréative

L'accélération récente de l'intégration urbaine de Moorea à Papeete vient contrecarrer la conception nourricière du lagon, bien que celle-ci résiste sous des formes recomposées, car l'autre conséquence de l'intégration est l'accélération du phénomène de mixité socio-économique par la cohabitation de deux populations aux valeurs, aux histoires et aux représentations différentes. Bien entendu, cette mixité n'est pas univoque : le modèle urbain ne balaye pas le modèle traditionnel. Ce dernier s'intègre aux logiques citadines, et les modes de vie les plus sophistiqués revendiquent une « polynésiarité » factice, propre à justifier les déviances par rapport à une discipline urbaine devenue inévitable.

Du point de vue de la psychologie sociale, le phénomène d'intégration construit une représentation urbaine du lagon et de ses richesses, en contrepoint de la conception vivrière traditionnelle. Pour l'essentiel, sur le fondement de ses nouvelles fonctions urbaines, cette représentation citadine est récréative : les usages se rapportent à un ensemble de loisirs pour lesquels le lagon est un espace de jeu, de contemplation, d'attraction (au double sens du terme). La pêche de loisir y trouve sa place comme complément du spectacle constitué par la nature exceptionnelle d'une île polynésienne.

Dès lors, la conservation naturaliste du lagon est le chaland de la conception urbaine/récréative : à ce titre, sans le vouloir et sans le savoir, le PGEM accompagne la transformation du lagon de Moorea en espace citadin. Sa fonction de régulation d'accès au lagon est désormais indispensable, tant les perspectives de surfréquentation urbaine du lagon de Moorea paraissent inéluctables. Par ailleurs, sur le plan des politiques d'environnement, la conservation du lagon de Moorea est un espace stratégique car il est situé, avec Tahiti, autour de l'île la plus vulnérable et la plus urbanisée. La réussite du PGEM de Moorea est donc pour la Polynésie l'expérimentation emblématique d'un modèle de conservation polynésien.

Dans le développement de ses programmes et de son action, le PGEM a rencontré des problèmes administratifs et juridiques, en particulier pour exercer les missions de police et de surveillance. Mais ces obstacles juridiques ne sont pas déterminants en comparaison des résistances au PGEM d'une partie de la société polynésienne et qui en sont l'expression politique. Les difficultés institutionnelles permettant son fonctionnement sont bien réelles, bien qu'elles n'apparaissent pas totalement déterminantes. En effet elles ne sont pas isolées du contexte institutionnel général de la Polynésie dans lequel le développement de l'action publique est souvent paralysé.

3. La résistance des pratiques vivrières du lagon et les difficultés de la police des pêches à Moorea

La politique de gestion moderne et citadine du lagon, illustrée par des interdictions de pêche, est certainement le dossier le plus emblématique auquel est confronté le comité permanent de gestion du PGEM. En effet, la légitimité scientifique de la politique de réduction de l'effort de pêche n'est pas discutable. Pourtant ses bases juridiques sont encore incertaines et surtout sa mise en place se heurte à des résistances sociales sous forme de pratiques vivrières inscrites dans les habitudes d'une partie de la population.

3.1. Le plan de gestion et la politique de réduction de l'effort de pêche

Dès les années 1990, les scientifiques du CRIOBE[1] ont alerté les responsables politiques et l'opinion sur le phénomène de surpêche à Moorea : baisse de la taille des espèces capturées, disparition ou diminution des cohortes de certaines espèces. La mise en place d'une réglementation des pêches renforcée dans le lagon de Moorea répond à ces données objectives : si la biomasse et la biodiversité se maintiennent, la situation des espèces marchandes est fortement dégradée, une importante partie des captures n'ont pas la taille minimale autorisée. Dès lors, l'interdiction de la pêche dans des aires délimitées est logique et conforme au statut juridique du lagon de Moorea. La vocation récréative du lagon et la politique de conservation impliquent que l'exploitation halieutique soit désormais réglementée pour que la richesse de la biodiversité et l'attractivité du site soient préservées.

C'est ainsi que la réglementation de la pêche a constitué un volet de l'action du PGEM qui a défini 8 AMP[2] constituant à la fois des zones

---

[1] Centre de recherche insulaire et observatoire de l'environnement, créé en 1969, rattaché au CNRS et à l'EPHE, et installé à Papetoai au fond de la baie d'Opunohu à Moorea.

[2] AMP : aires marines protégées. La protection territoriale de la nature sous forme de circonscriptions administratives de protection (aires marines protégées (AMP) ou en anglais *marine protected area* (MPA) fait désormais partie de l'éventail des mesures de conservation et elle a été particulièrement promotionnée par la conférence de Rio qui s'est fixé pour objectif la protection de 10 % de la surface des océans. Le zonage vient compléter la politique initiale par laquelle étaient hiérarchisées les espèces vivantes

interdites à la pêche et des zones réglementées. La zone de pêche du lagon a donc été amputée d'environ 20 %, soit presque un millier d'hectares[1]. La définition de ces aires, dans lesquelles a été interdite la pêche, la navigation dans certaines conditions et certaines pratiques, a été concertée[2]. Pourtant, l'ensemble des témoignages indiquent que cette réglementation n'est pas respectée et que le braconnage est important. Il bénéficie de l'impunité soit en raison de la difficulté des contrôles, soit en raison de la faiblesse de la volonté répressive. Une crise relative à l'utilisation de techniques de pêche collective considérées comme destructrices a également éclaté en 2006, remettant en cause une pêche traditionnelle : une longue négociation s'est ouverte pour en limiter l'usage et les effets. Enfin, une frange de la population de Moorea conteste les règles du PGEM dans son principe ou ses modalités. Certes, l'application de l'interdiction de pêcher du PGEM se trouve dans une difficulté juridique mais la faiblesse de son application n'est possible qu'en raison des résistances culturelles et de l'évitement des autorités.

---

autour des représentations anthropologiques d'utilité et de nuisibilité sociales. Désormais, depuis plus de trente ans, les politiques de zonages et de protection d'écosystèmes sont devenues prioritaires. Ces politiques d'espaces de protection sont ainsi apparues plus pertinentes pour répondre aux notions de biodiversité et d'écosystème telles que la convention de Rio les a définies en 1992. L'espace marin a été plus tardivement et moins intensément l'objet de protection que l'espace terrestre ; encore était-ce plus en relation avec le littoral qui constitue la frange biodiversitaire la plus complexe et la plus riche. Déjà, dans la convention de Ramsar, les zones humides particulièrement littorales, mais non exclusivement, avaient fait l'objet d'une conservation spéciale dans la mouvance du lobbying ornithologique. En réalité, la protection de la mer s'est d'abord polarisée sur les zones côtières ou insulaires en raison de la richesse et de la spécificité des écosystèmes littoraux et de l'interaction terre/mer.

[1] Cf. en annexe 6 le plan de gestion et en surlignage rouge les zones de pêche interdites.

[2] La définition et la répartition dans l'espace des zones interdites à la pêche se sont effectuées selon un ensemble de critères scientifiques et halieutiques qui n'appellent pas de discussion, bien que certains pêcheurs contestent leur pertinence et leur opportunité. Des considérations électorales ont également pesé sur le PGEM puisque à l'occasion des élections municipales de 2002, la commune de Haapiti a obtenu des modifications sensibles du zonage initialement prévu : mais il est vrai que cette commune supporte plus de la moitié de la surface des AMP avec 545 ha d'emprise sur un total de 969 ha : elle était donc légitime à demander des aménagements.

3.2. La faible lisibilité des bases légales des réglementations lagonaires[1]

Le respect de ces nouvelles prescriptions soulève des difficultés juridiques en raison des bases légales des infractions car les interdictions de pêcher sur le lagon sont classées en infraction de grande voirie[2]. Outre l'incommodité de ces infractions, les compétences croisées des institutions responsables entretiennent une confusion pour l'exercice de l'autorité publique. Les acteurs concernés confondent volontiers la réglementation du PGEM avec l'infraction qui la sanctionne, la constatation des infractions et la condamnation par les tribunaux, car l'intervention des différents acteurs baigne dans la confusion entre les « compétences administratives » et les « pouvoirs administratifs[3] ».

La réglementation domaniale du lagon relève du territoire : les interdictions doivent en principe avoir pour objet la conservation et la protection du domaine lagonaire, c'est ce qui explique que l'infraction de grande voirie soit la sanction utilisée pour réprimer les infractions. Mais les autorités chargées de différentes polices générales ou spéciales susceptibles de s'appliquer sur l'espace lagonaire n'ont pas de politique répressive coordonnée. Enfin dans ses domaines de compétences, l'État peut édicter des réglementations sur l'espace lagonaire et il conserve en outre le droit et le devoir de vérifier la légalité des mesures territoriales. Toutefois, chaque année, la gendarmerie relève une trentaine d'infractions sur le lagon et la police municipale relève également une

---

[1] Sur le détail de ce cadre juridique cf. Cazalet B., « Droit des lagons de Polynésie française », *Revue juridique de l'environnement* (RJE) 4, 2008, pp. 391-408. Et le rapport GAIUS : Cazalet B., « Historique, cadre juridique et institutionnel du Plan de gestion de l'espace maritime (PGEM) de l'île de Moorea, Polynésie française », *Projet GAIUS/WP2/01*, juin 2008, 47 p.

[2] Les mesures de protection du lagon sont édictées par le Territoire de Polynésie française au titre de la gestion du domaine lagonaire. La base légale des réglementations est donc la protection du domaine, sanctionnée au niveau pénal par l'infraction de grande voirie qui relève par exception des tribunaux administratifs. Mais d'autres réglementations édictées par l'État peuvent s'appliquer sur le domaine lagonaire, avec ou sans relation avec la gestion domaniale : droits des usagers du domaine, délinquances de toutes natures se produisant sur le lagon. Cf. pour le détail de ces régimes de droit, l'article de la RJE et le rapport *GAIUS* de Cazalet, *op. cit.*

[3] Ainsi la compétence domaniale du territoire n'implique pas l'attribution d'un pouvoir réglementaire général ni le pouvoir d'exercer effectivement les polices spéciales des pêches maritimes ou la création de nouvelles infractions, ou la modification du régime des libertés publiques ou des droits individuels…

vingtaine d'irrégularités. Mais ces procès-verbaux ne concernent pas uniquement des infractions à la pêche : on y trouve des infractions en matière de navigation ou de sécurité en mer, pour lesquelles les bases légales sont bien établies par l'État. De même, la dispersion et le cumul d'infraction ne sont pas propres à faciliter l'action répressive et les contrôles des réglementations du PGEM. Il est donc bien vrai que la surveillance et la répression des infractions relatives à la pêche ne sont guère facilitées par les fondements juridiques du PGEM. Mais, sans minimiser cet aspect, ce n'est probablement pas la difficulté principale qui explique aujourd'hui l'impasse relative dans laquelle se trouvent la police des pêches et la surveillance des zones protégées du PGEM.

3.3. La résistance à la police des pêches

S'il est vrai que des difficultés de bases légales existent, le principal problème reste que la police se heurte d'abord à la résistance de la conception vivrière du lagon par une partie de la population[1]. En effet, sur une île périurbaine en forte augmentation démographique, les objectifs de conservation exigent l'élaboration d'une réglementation de la pêche plus précise, mieux ciblée et plus segmentée. Une véritable gestion des ressources lagonaires voudrait que l'effort de pêche individuel soir limité. Ce projet de gestion moderne et intégrée se heurte au principe d'accès illimité aux ressources du lagon qui demeure la règle, l'interdiction étant l'exception.

Une partie de la population autochtone de Moorea conteste le principe même d'une limitation du domaine halieutique qui contrarie des « droits professionnels ou d'état de nécessité » (cf. *infra* l'analyse de ce double fondement). Ce « droit de vivre du lagon » n'est pas juridiquement établi mais il est évoqué sans cesse par les pêcheurs et les populations autochtones. Or, en droit moderne, la pratique vivrière est renforcée par le principe de la liberté des usagers d'accéder à la mer, aux propriétés publiques et à leurs ressources. Ce principe national vient légitimer les pratiques vivrières traditionnelles[2]. Pêcher dans le lagon est

---

[1] Une réunion organisée en mars 2008 avec les « pêcheurs » de Moorea a permis de bien identifier les frustrations de la population autochtone. Mais il est très difficile de définir ces catégories que sont les pêcheurs et les autochtones.

[2] Depuis le XVIIe siècle dans la tradition juridique internationale les espaces halieutiques et leurs dépendances sont considérés comme *res communis :* la mer est un bien commun

donc doublement appuyé par la tradition polynésienne et par les droits d'accès contemporains des usagers du domaine.

En réalité, aujourd'hui, dans les pays développés et en métropole, la liberté absolue de pêcher est exceptionnelle, car de nombreuses règles de gestion et de police ont été adoptées par les États, en particulier pour préserver la ressource ou pour réserver à une profession l'accès aux richesses halieutiques. La situation des lagons polynésiens est tout à fait opposée, où la liberté constitue le principe de base sur lequel le gestionnaire doit construire les règles du droit de pêche. Les pouvoirs publics se trouvent donc aujourd'hui confrontés à une double contrainte : la conservation des ressources voudrait que s'élabore rapidement un plan de police des pêches, mais cette entreprise contrarie la tradition de libre accès au lagon et ne répond pas aux principes de préservation des usages et des droits des autochtones qui figurent désormais dans toute entreprise de développement durable.

3.4. La revendication de droits de pêche différenciés[1]

L'enquête menée en mars 2008 à l'occasion du programme GAIUS a révélé qu'une partie de la population de Moorea voudrait se voir attribuer un droit d'accès privilégié dans le cadre du PGEM[2]. De ce droit seraient exclus les « nouveaux résidents, ceux qui ont un emploi, les pêcheurs du dimanche et les touristes[3] ». Cette revendication d'un privilège de pêche est confuse et contradictoire, mais elle est révélatrice du dualisme démographique de l'île. Elle repose sur la conception

---

imprescriptible et inaliénable. Lorsqu'il n'existe pas de réglementation de l'usage et de l'accès à la mer, ceux-ci sont en principe sous le régime juridique de la liberté. Les droits de naviguer, d'aller et de venir sur les espaces maritimes, de pêcher, de circuler, d'utiliser, d'occuper sont en principe reconnus à quiconque. Ce principe implique que le droit de pêche appartient au public.

[1] Informations recueillies lors des entretiens et de la réunion des pêcheurs organisés au CRIOBE en mars 2008 par Mme Mairé Bustamante, agent de contrôle du service des pêches à Moorea et responsable de l'attribution des « cartes de pêche lagonaires ».

[2] Cf. les travaux démographiques de Vucher-Vésin J. (2012) définissant ce groupe à travers des critères identitaires (cf. en illustration les annexes 4 et 5 *infra*). La segmentation des populations est mise en évidence à travers les taux d'inoccupation, la pratique des langues locales, la nature de l'habitat, la dépendance vis-vis de la pêche du lagon. Ces données fondées sur les recensements valident la réalité géolocalisée des catégories présentées par les pêcheurs autochtones lors de la réunion de mars 2008.

[3] Propos recueillis en mars 2008 lors de la réunion des pêcheurs au CRIOBE de Moorea.

traditionnelle du lagon et le sentiment de dépossession dont une partie de la population autochtone se sent victime. Les modalités un peu confuses de ces droits pourraient revêtir le contenu suivant : non-opposabilité de l'interdiction de pêche dans les AMP du PGEM pour « certains », avec la liberté de la pêche aux *atures*[1] ; liberté de vente des poissons du lagon ; autodiscipline reconnue aux bénéficiaires des droits d'accès privilégiés ; exclusion du droit de pêche lagonaire des usagers « non légitimes ».

Dans son principe, cette demande de différenciation des droits n'est pas si absurde. Toutes les politiques des pêches ont pour ressort la segmentation des pratiques en différenciant en particulier les professionnels des plaisanciers. À l'intérieur même du groupe des professionnels, différents métiers sont définis et réglementés, ce qui permet de limiter l'effort de pêche par segments et par catégories. De même, le fait de définir des droits d'usage et des droits d'accès privilégiés aux communautés autochtones est vivement recommandé au niveau international et participe à la définition d'une gestion durable[2].

L'analyse de la demande de droits d'accès privilégiés dessine deux groupes fondés sur la conception vivrière initiale, mais avec une reformulation « citadine » de l'économie de subsistance initiale : le groupe des pêcheurs « professionnels » et le groupe des « nécessiteux[3] ». La pêche lagonaire est ici définie comme une pratique pour vivre : revenu principal, complément de revenu, avec des dérives incontrôlables puisque les « nécessiteux » doivent pouvoir vendre leur pêche, sans pour autant être considérés comme des professionnels. Dans les deux cas, les contestataires présentent donc la pêche lagonaire comme réservée d'abord à certains usagers pour vivre, par opposition à une pêche récréative ou à une pêche superflue réalisée par des usagers d'une autre nature.

---

[1] Pêche collective sous forme de grandes sennes de baies pour capturer lors de leurs migrations saisonnières les grands bancs de chinchards du Pacifique.

[2] Cf. en particulier la résolution des Nations unies sur les droits des peuples autochtones de septembre 2007.

[3] Bien entendu, dans la pratique traditionnelle il n'y a ni pêcheur professionnel ni nécessiteux : ces nouvelles catégories « reformulent » en termes citadins les pratiques vivrières résiduelles.

Cette demande se heurte à l'impossibilité de définition juridique des groupes bénéficiaires de ce droit de pêche en droit administratif républicain, qui refuse l'idée d'autochtonie et l'inégalité statutaire des usagers du domaine. Il n'existe pas de statut de « professionnel de la pêche lagonaire » qui, comme en métropole, distinguerait les titulaires d'un rôle de pêche des pêcheurs plaisanciers. Ainsi, les interdictions de pêche sont-elles opposables indifféremment à l'ensemble des usagers quelles que soient leur situation sociale, leur résidence, leur origine. L'administration ne peut distinguer le pêcheur à temps plein, la pêche comme activité principale, les pêcheurs occasionnels, la pêche récréative[1].

Il n'existe pas ensuite et non plus de critères juridiques pour définir administrativement la catégorie des « nécessiteux», pour lesquels est demandé un droit de « pêche de subsistance » assimilable à un droit professionnel. Les discussions menées lors des entretiens et des réunions ont dégagé des pistes qui ne sont pas opérationnelles pour définir les bénéficiaires d'un droit d'accès privilégié au lagon : chômage, famille nombreuse, origine géographique, événement morbide dans la famille. Le lagon apparaît confusément comme un système d'assurance sociale inscrit dans l'histoire de la Polynésie, mais peu assimilable par le droit public.

La formule administrative de la « carte de pêcheur lagonaire » attribuée par le service des pêches de Polynésie essaye cependant de répondre à cette catégorisation pour accaparer la maîtrise de l'effort de pêche. On observe que l'attribution locale qui est pratiquée est très personnalisée : la carte donne le droit de vendre le poisson et ouvre droit à certaines subventions. Mais la définition des bénéficiaires reste erratique, elle ne définit pas réellement un statut et elle ne débouche pas sur une segmentation du droit de pêche (par exemple : limitation de l'usage du filet, zones et techniques réservées à la pêche professionnelle, calendriers des pêches, etc.). Par ailleurs, l'attribution très personnalisée ouvre largement la porte au clientélisme et à l'arbitraire. La profession de pêcheur du lagon reste à définir mais, dans le cadre du droit

---

[1] Les pêcheurs à temps plein paraissent peu nombreux, estimés à une vingtaine, mais il existe un éventail inextricable de revenus monétaires et de subsistance qui mériteraient d'autres études approfondies.

administratif républicain, elle se heurte à des résistances et à des contradictions rédhibitoires.

La conception vivrière de la population « la moins urbaine » de Moorea constitue le problème le plus difficile auquel sont confrontés les gestionnaires du PGEM de Moorea. En effet, parmi les objectifs de la gestion durable, figurent la préservation des usages traditionnels, la préservation des droits d'accès des communautés riveraines d'outremer et leur protection contre des accaparements. Il paraît difficile désormais de catégoriser cette population : elle est diluée dans une société occidentalisée et elle est partagée entre adhésion aux modèles traditionnels et participation au festin de la modernité. Sans cette catégorisation, le PGEM, institution franco-métropolitaine gérée par des Polynésiens, ne peut faire autrement que de formuler des interdictions générales s'appliquant indifféremment aux touristes, aux chômeurs, aux propriétaires de filets et aux « pêcheurs du dimanche ». Une étude anthropologique plus poussée permettrait-elle de définir des critères de différenciation dans les pratiques de pêche ? On ne doit pas exclure cette piste de réflexion faute de quoi perdurera un sentiment d'injustice dans la mise en œuvre du plan, mais on peut en mesurer les difficultés redoutables.

4. Les difficultés d'application de la police du domaine public maritime et l'accaparement foncier du littoral de Moorea

Le PGEM avait d'abord pour vocation de réaliser la gouvernance environnementale des espaces maritimes proprement dits. Mais les atteintes innombrables portées au domaine public lagonaire ont amené le comité permanent à se prononcer sur les pratiques appropriatives des riverains et des usagers du lagon. L'examen des procès-verbaux de réunion du PGEM souligne même qu'il s'agit désormais de son activité institutionnelle principale. Au cours des deux dernières décennies, l'inventaire des pratiques acquisitives de l'espace lagonaire a fait apparaître une accélération de la privatisation du lagon et son accaparement par le « groupe des riverains » : professionnels du tourisme ou plus généralement propriétaires fonciers des terrains limitrophes du lagon[1].

Pour les entreprises de tourisme, soit pour l'hôtellerie, soit pour les entreprises offrant des activités récréatives, il s'agit de réserver le lagon à la clientèle pour la résidence ou le loisir : farés, zones de sécurité, plages réservées, embarcadères, zones de mouillage, zones d'attraction naturaliste, zones de navigation et de jeux nautiques, etc. Cet accaparement se réalise soit par la mise en place de barrières rendant impossible aux usagers l'accès au lagon, soit par l'attribution d'espaces exclusifs sous forme d'autorisations d'occupation domaniale. La constitution de « réserves scientifiques » participe également à cette reconfiguration spatiale du lagon. Le plan d'urbanisme a donc validé les activités « non extractives » sur le lagon par opposition à la pêche destructrice.

Pour leur part, les propriétaires des terrains ont généralisé les barrières sur le linéaire côtier de Tahiti d'abord, de Moorea ensuite, rendant très difficile l'accès aux plages et excluant *de facto* les usagers non propriétaires de la jouissance du lagon. Outre ces murs, clôtures, menaces canines, avertissements et mises en garde de toutes natures, les propriétaires procèdent à des remblaiements sauvages pour réaliser des terrasses et plages artificielles qui augmentent *de facto* la superficie de leurs parcelles et qui occupent la bande pédestre réglementaire sur les plages sur le lagon lui-même : mouillages, embarcadères, zones de halage et d'entretien pour les embarcations ou les matériels de navigation.

Les conséquences de ces pratiques sont de deux ordres : d'abord l'impossibilité d'accéder au lagon pour les usagers qui n'ont pas d'embarcation, qui ne sont pas propriétaires de terrains limitrophes du lagon ou qui ne sont pas clients des établissements touristiques riverains ; le mitage ensuite de la ligne de rivage et le colmatage du lagon par des remblais qui modifient la ligne de rivage, la nature des sédiments, la configuration des sites aquatiques[2].

---

[1] Sur le mitage et les emprises sur le linéaire côtier de Moorea, les activités récréatives et les détails des règles de gestion, cf. Gaspar C. & Bambridge T., *op. cit.*

[2] Les zones intercotidales et infralittorales sableuses sont très importantes dans les cycles de reproduction et de nourrissage de la faune du lagon. Le colmatage de ces zones réduit

La réduction de l'accès au lagon est présentée par les riverains comme concordante avec les objectifs de PGEM : n'est-ce pas un moyen de réguler la fréquentation des sites naturels et donc de participer à leur protection ? Certains propriétaires proposent même d'« entretenir » la partie lagonaire limitrophe si les autorités leur en donnent concession et exclusivité. La « continuité terrain/lagon » est parfois même présentée comme une tradition polynésienne qui rendrait les règles de la domanialité publique française inopposables et permettrait aux plus riches riverains de s'approprier le lagon grâce au droit civil républicain. Bien entendu, ces raisonnements ne résistent pas aux analyses juridiques ou anthropologiques[1]. Par ailleurs, la philosophie de la conservation, attachée à l'idée de patrimoine commun, implique que son bénéfice soit collectif : l'accaparement privatif des richesses naturelles peut malaisément se confondre avec l'intérêt général de protection, même si elle trouve grâce aux yeux de quelques économistes libéraux[2].

Ces pratiques d'accaparement se sont accélérées au rythme de l'urbanisation de Moorea, mais les élus ont des difficultés à s'opposer à cette confiscation résidentielle du lagon. L'administration territoriale est mobilisée pour s'y opposer en multipliant les procédures, et le PGEM s'est impliqué dans la police du domaine au-delà de ses missions initiales. La situation permissive du droit domanial ne vient pas de la passivité de l'administration domaniale du Territoire. Les fonctionnaires territoriaux dénoncent les pratiques illégales et ils en informent régulièrement le Conseil des ministres de Polynésie qui a la compétence pour sanctionner et pour attribuer les autorisations temporaires d'occupation du domaine lagonaire. De même le PGEM examine l'ensemble des demandes en amont des réunions de la commission du domaine. Il donne la plupart du temps des avis défavorables aux demandes d'occupation. Il faut souligner son rôle de transparence pour rendre publiques les pratiques d'accaparement et pour instruire les projets d'aménagement sur le lagon de Moorea.

---

irrémédiablement la superficie de ces sites sensibles et détruit les coraux. Par ailleurs, les règles domaniales s'appliquent sans conteste à la Polynésie. Cf. sur les détails de ces règles le rapport *GAIUS/WP2/01* de Cazalet B., *op. cit.*

[1] Dans la tradition précoloniale, la continuité du terroir halieutique est collective et distributive comme fondement des pratiques vivrières : les droits d'accès sont plus comparables à des règles de police qu'à des droits subjectifs.

[2] Cf. sur ces dérives Féral F., 2009, pp. 69-79.

Cependant, durant des décennies, la complaisance des autorités de Polynésie a dévitalisé la notion même de domaine public maritime naturel. La loi a confié la gestion du domaine lagonaire au Territoire de Polynésie, et les remblais font l'objet de demandes d'autorisation ou de régularisation *a posteriori*, sans que l'on puisse aujourd'hui évaluer l'ampleur des pratiques irrégulières puisque qu'il n'existe pas d'évaluation[1]. Si les élus municipaux ont du mal à formuler des avis défavorables lorsqu'ils sont saisis de ces demandes, c'est également le Gouvernement de Polynésie qui a longtemps encouragé par pur clientélisme ces emprises illégales en les autorisant ou en les régularisant le plus souvent contre l'avis de la commission domaniale, contre l'avis de l'administration domaniale et contre l'avis du PGEM. Si plusieurs moratoires ont été adoptés, tendant à geler tout renouvellement ou toute autorisation, les dérogations prévues dans les arrêtés sont si floues et si nombreuses, et le Conseil des ministres si complaisant que cette mise en scène de la rigueur ne trompe personne : dans quelques années il sera presque impossible pour les non-propriétaires d'accéder librement au lagon.

Conclusion

L'étude de l'évolution des droits d'accès au lagon de Moorea et des usages des espaces marins ouvre un champ de recherche compliqué.

Ce qui retient d'abord l'attention, c'est la dépossession à la fois économique et administrative des résidents les plus pauvres qui sont souvent les mieux enracinés dans l'histoire traditionnelle de l'île. Mais ce phénomène est au confluent de nombreuses questions sur le devenir des sociétés du Pacifique, bousculées par la mondialisation de l'économie et des modes de vie. En deux décennies, la ville et ses logiques ont absorbé la culture insulaire de Moorea pour organiser un espace urbanisé, résidentiel et touristique, support d'une colonisation pavillonnaire insatiable.

En second lieu, on constate que les sciences de la nature et leurs valeurs conservationnistes ont participé à construire la représentation

[1] Voir cependant Gaspar & Bambridge *op. cit.*, qui en font une évaluation sur la base des documents administratifs du Territoire.

récréative de la mer ; celle-ci disqualifie *de facto* la riche culture halieutique polynésienne pour célébrer au contraire les vertus d'un tourisme contemplatif (et énergivore). Dans des séminaires organisés dans de grands hôtels climatisés, des participants venus du bout du monde se désolent d'apprendre que les pêcheurs autochtones massacrent les requins et les tortues que protègent des conventions internationales et une cascade de règlements. Les aires marines de Moorea sont assises sur des objectifs protectionnistes légitimes (protection d'espèces emblématiques, conservation de la biodiversité), dont les conséquences sociétales sont peu documentées. L'idée est principalement développée que des richesses et des emplois de remplacement seront générés par des « services écosystémiques » récréatifs. Le marché ne valide pas nécessairement ces supputations économiques iréniques par lesquelles une reconversion harmonieuse bénéficierait aux acteurs traditionnels.

Enfin l'observation de la dérive urbaine de Moorea et des tribulations juridiques et administratives du plan de gestion de Moorea signale la cacophonie institutionnelle installée avec l'autonomie postcoloniale. Par la loi organique, le gouvernement de Polynésie est titulaire de compétences étatiques dans de nombreux domaines marins et environnementaux. Cependant, la gouvernance de l'environnement est inspirée du modèle étatique, repris à son compte par les bureaucrates polynésiens avec un conformisme institutionnel désolant : gestion scientifique et centralisée, mesures de police, sanctions pénales, principes d'égalité formelle des usagers, gestion halieutique par la professionnalisation, mais son appareil administratif et ses moyens financiers ne sont pas en mesure d'assurer son application sur un territoire vaste comme l'Europe et dispersé sur plus de cent dix îles. On imaginerait donc au contraire que la Polynésie autonome promotionne une gestion incitative, décentralisée, assise sur les capacités de discipline insulaire, l'autonomie et la responsabilité. Ce qui nous apparaît au contraire, c'est la méconnaissance des situations sociales traditionnelles et des productions normatives sociétales (sinon folklorisées). Une Polynésie en recherche de son étatisme reproduit ainsi les règles formelles du droit public métropolitain avec une inadaptation entêtée aux situations complexes. Ces observations font réfléchir à nouveau à la reconnaissance de l'ordre normatif des sociétés ultramarines et à sa reformulation coopérative avec notre droit républicain.

Bibliographie

Bambridge T., « L'exploitation des terres indivises à Tupuai : représentations et pratiques », *In* « Le foncier en Polynésie française », Papeete, *AJPF*, 2009, pp. 143-157

Berger A., « *La nouvelle économie de l'espace rural », * T.E Montpellier 1966.

Berger A., *& al. « Les nouveaux territoires ruraux »,* Montpellier, PULM, 2005.

Cazalet B., « Droit des lagons de Polynésie française », *Revue Juridique de l'Environnement* (RJE), 4, 2008, pp. 391-408.

Cazalet B., « Historique, cadre juridique et institutionnel du Plan de gestion de l'espace maritime (PGEM) de l'île de Moorea, Polynésie française », *Projet GAIUS/WP2/01*, juin 2008, 47 p.

Chaboud C., & Méral Ph., « Relevé de conclusions de la mission réalisée à Tahiti et Moorea du 06 mars au 03 avril 2008 », *GAIUS/WP4/02.1*, 2008, 15 p.

Féral F., « Analyse institutionnelle de la gouvernance des aires marines protégées : l'exemple du PGEM de Moorea en Polynésie française », *Actes du 11th Pacific sciences inter-congress 02-06 mars 2009*, Tahiti, DVD ISBN 978-2-11-098964-2.

Féral F., « Rapport de synthèse sur la mission GAIUS en Polynésie française mars 2008 », *GAIUS/WP1/02,* 28 p.

Féral F., « Propriété et domanialité publique lagonaire à Moorea », *In* « Le foncier en Polynésie », Papeete, *AJPF,* 2009 pp. 69-79.

Gaspar C., & Bambridge T., « Territorialités et aires marines protégées à Moorea », *Journal de la Société des Océanistes*, 126-127, 1 et 2, 2008, pp. 232-245.

Salvat B., Cazalet B., & Féral F., « La représentation internationale des aires marines protégées françaises, définition et affichage des surfaces protégés : réflexions sur les AMP ultramarines », *Le Courrier de la Nature,* n° 239, mai/juin 2008, pp. 34-41.

Vucher-Vésin. J., « Analyse socio-économique –restrictions des zones de pêche dans le cadre des aires maritimes protégée en Polynésie », Moorea, *IRCP*, novembre 2012.

ANNEXE 1 : Augmentation des populations de Polynésie (J. Vucher-Vésin, Institut polynésien de la statistique)

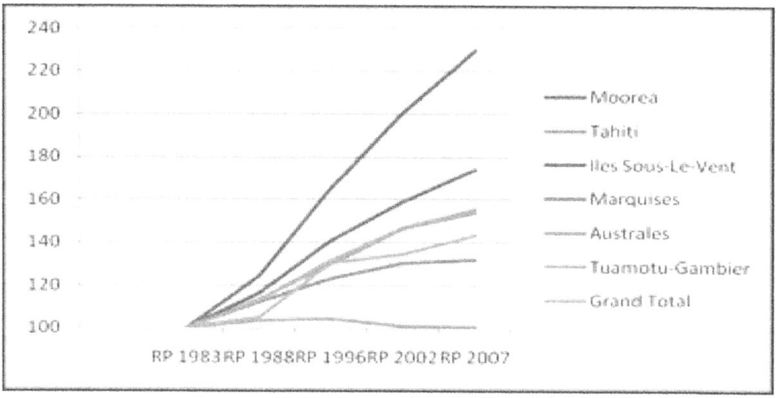

ANNEXE 2 : Seulement 86 % de la population sont nés en Polynésie en 2007 contre 92 % en 1983 (J. Vucher-Vésin)

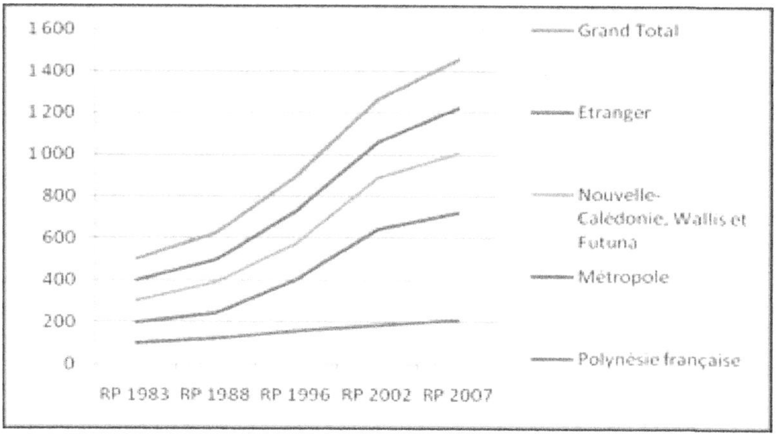

ANNEXE 3 : Évolution du nombre annuel des passagers des ferries Papeete/Moorea

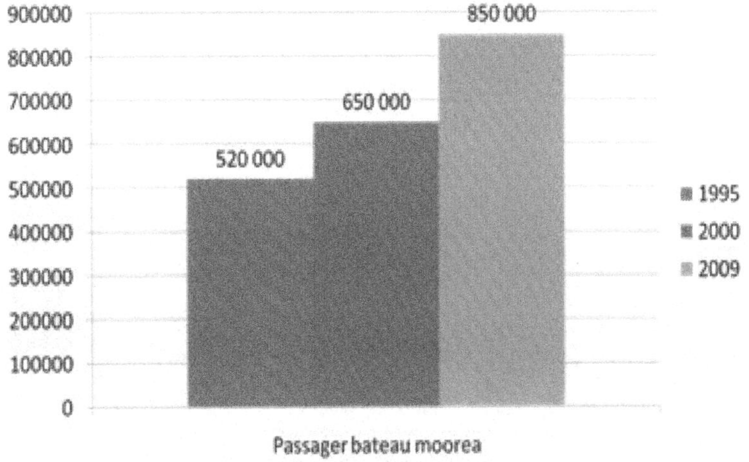

ANNEXE 4 : 15 % de la population de Moorea possèdent une pirogue : critère de dépendance au lagon (J. Vucher-Vésin, 2011)

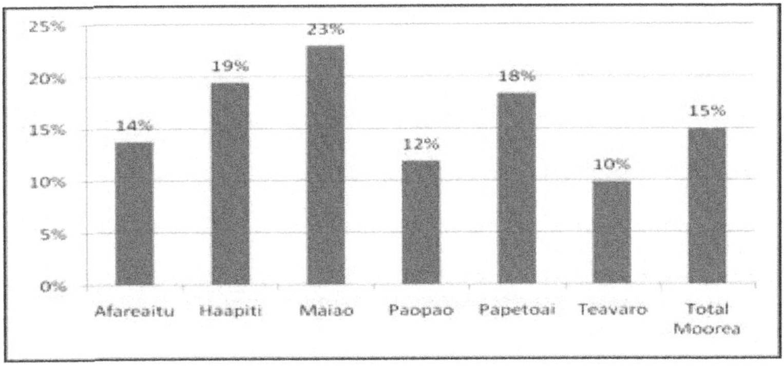

ANNEXE 5 : Dépendance des populations de Moorea aux ressources du lagon : 22 % des ménages à Moorea pratiquent régulièrement la pêche mais les analyses démographiques soulignent que les populations autochtones[1] sont les plus concernées par la pêche et se concentrent dans les zones les moins exposées au tourisme, s'isolant dans les vallées dans des résidences précaires

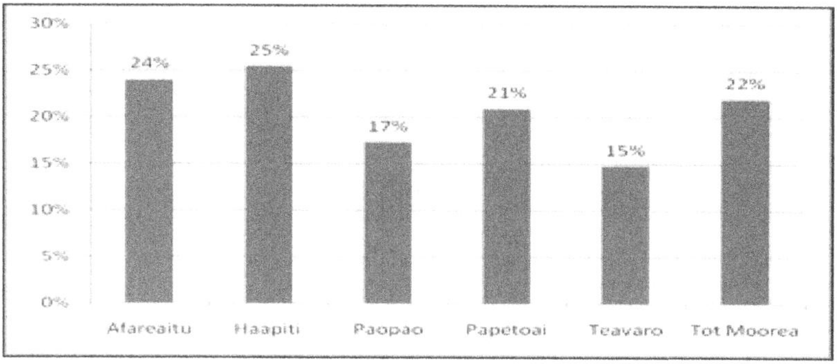

ANNEXE 6 : Carte de Moorea et de son plan de gestion des espaces marins

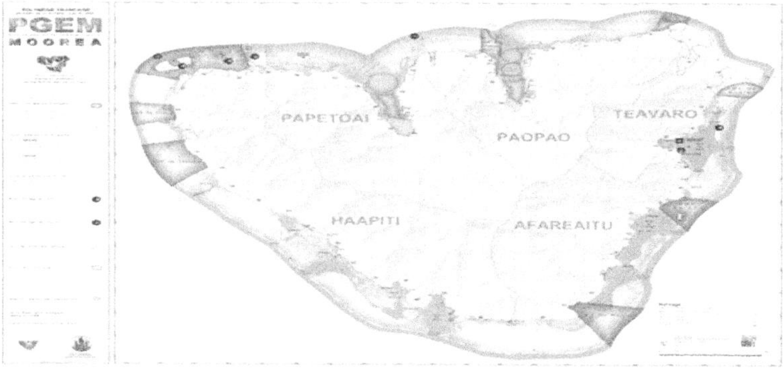

[1] Celles-ci sont repérées dans les statistiques par J. Vucher-Vésin *op. cit.*, par des paramètres d'identités (par exemple l'usage de la langue polynésienne), de dépendance (liens économiques et sociaux avec la pêche) et d'intégration à la modernité (marginalisation des modes de vie et des situations spatiales).

TROISIÈME PARTIE

DES RAPPORTS FUSIONNELS À L'EAU AUX INVESTISSEMENTS HYDRAULIQUES SURDIMENSIONNÉS

« De certaines ressources, l'appropriation s'avère impossible, pour des raisons physiques : faute de pouvoir appréhender leurs limites, l'homme se trouve incapable de les enclore, donc d'en exclure les autres pour se les réserver. On n'enclôt pas le saumon d'un ruisseau, les ondes porteuses de bruit ; on ne numérote pas les nuages. »

Bernard Edelman & Marie-Angèle Hermitte, *L'homme, la nature et le droit.*

CHAPITRE V

L'EAU DANS UNE SOCIÉTÉ DE PÊCHEUR HORTICULTEURS DE LA VALLÉE DU SEPIK EN PAPOUASIE-NOUVELLE-GUINÉE

Christian COIFFIER

Introduction

L'eau charriée par le fleuve Sepik et ses affluents représente une des principales sources de vie de la partie nord de la Papouasie-Nouvelle-Guinée. Comme dans toutes les îles de Mélanésie, les peuples locaux se reconnaissent entre gens de la mer, vivant sur la zone côtière, et gens de la brousse, vivant à l'intérieur des terres. Mais les ressortissants de cette seconde catégorie, dans la partie centrale du bassin du fleuve Sepik, se distinguent également entre gens des collines et gens du fleuve. Ce sont les peuples vivant dans cette zone géographique presque uniformément plate à laquelle nous nous intéressons dans cet article, plus spécialement les Iatmul et les Sawos dont les villages sont construits sur les rives du Sepik ou au bord des marécages sur des terrasses alluviales. Les Iatmul sont des pêcheurs-horticulteurs alors que les Sawos sont des producteurs de sagou. Les Sawos exploitent de grandes forêts de palmiers sagoutiers dont ils recueillent la fécule. Les femmes sawos échangent une partie de cette production contre du poisson pêché par les femmes iatmul. L'eau représente ainsi une source d'énergie primordiale et indispensable à l'économie locale.

La vie des populations riveraines du fleuve est rythmée par les crues et les décrues du fleuve qui est perçu par celles-ci à l'égal d'un être vivant. Au cours des années, les méandres se font et se défont, les berges s'écroulent, emportées par les flots, alors que se forment plus loin de nouvelles terres avec l'accumulation des limons. Cette eau régénératrice provient de l'amont du fleuve, le pays des ancêtres, elle permet aux populations locales de boire, de se laver, de se déplacer, mais surtout d'assurer leur subsistance journalière grâce à la pêche, au jardinage et à l'horticulture. L'eau de pluie qui alimente le fleuve et ses affluents est donc considérée comme un bienfait des esprits des eaux ancestraux. C'est en agissant sur ces derniers par des sacrifices et des rituels que les villageois espèrent contrôler cet « être » imprévisible qu'est pour eux le fleuve Sepik.

Nous présenterons en premier la biodiversité végétale de la région avant de montrer comment l'eau du fleuve se trouve être considérée par les populations locales comme un élément unificateur. Nous verrons que leur rythme de vie est réglé par la succession des crues et des décrues qui leur imposent, selon l'emplacement de leur territoire, des contraintes particulières pour leurs activités agricoles et halieutiques. Enfin, nous montrerons comment ces populations ont appris, avec le temps, à gérer ces terres présentées par les premiers visiteurs européens comme des plus inhospitalières.

1. Le paysage naturel

Selon l'ethnologue Gregory Bateson (1932, pp. 251-253), les Iatmul distinguent sur leur territoire au moins sept types de zones écologiques dont cinq sont en relation directe avec l'eau : *moli,* savane herbeuse à *kunai* (*Imperata sp.*) souvent immergée lors des crues du fleuve, *mwaivut,* marécages à sagoutiers (*Metroxylon sagu*), *kwotnmbe* (*kuampi,* selon Staalsen & Staalsen, 1966, p. 32), zone boisée pour la cueillette correspondant à la forêt ripicole, *malingwot,* zone forestière plus élevée que la zone précédente (on y trouve des porcs, des wallabys et des pigeons couronnés), *tschat,* lac de méandre, *agwi,* île flottante avec de la végétation herbacée (*Leersia sp.*) se formant généralement dans les lacs, et *tshuwa*, zone au bord du fleuve couverte de cannes (*Saccharum sp.*). Ces diverses zones correspondent plus ou moins à la classification établie par les géographes Saunders (1968, 1972) et Robbins (1968, p. 109). Cependant mes informateurs m'ont donné d'autres termes qui viennent compléter cette classification : *kawat* ou *ndao,* zone marécageuse herbeuse à *Panicum paludosum,* qui ne s'assèche que lors des mois les plus chauds, *kamba,* zone de savane à herbes *kunai, numbui tshuwa,* forêt marécageuses près du fleuve, *agwi tshuwa,* île flottante formée par un morceau de berge écroulé.

Lorsque l'on circule en pirogue monoxyle sur le fleuve Sepik (dans sa partie centrale), on ne peut manquer d'être frappé par la présence au bord du fleuve d'une muraille de cannes *sua* (*Saccharum sp.*) qui paraît d'autant plus haute que l'on se situe au ras des flots. Cette végétation typique des zones humides est d'autant plus épaisse que la rive est basse car ces plantes se développent plus particulièrement sur le limon dans les rives convexes des méandres. Il existe de nombreuses espèces de cannes et de roseaux, appelés en pidgin-mélanésien *pitpit*. Les *nguali* (*Phragmites karta*) poussent parfois au milieu des *mambeu* (*Saccharum sp.*), mais ils se distinguent par leurs efflorescences brunes qui se développent un peu avant celles des *mambeu*. Ces différents végétaux de zones humides ont une importance culturelle particulière pour les peuples riverains. Les tiges de *nguali* étaient utilisées jadis, comme celles des *sua*, pour la fabrication des flèches qui étaient projetées à l'aide de propulseurs. Les tiges de *sua ngraï* (*Saccharum spontaneum*) et de *sua tambaru* (*Saccharum robustum*) sont utilisées encore de nos jours pour fabriquer, à l'aide de folioles de palmes de sagoutiers, les éléments de toiture des maisons. Celles de la seconde espèce dont les bases sont rougeâtres sont considérées comme les plus solides. Ces tiges sont également utilisées comme tuteur pour les tiges des ignames dans les jardins. Les graines de *sua mbra* (*Coix lacrima Jobi*) sont utilisées pour la fabrication des colliers. Les cannes et les roseaux ne fleurissent pas exactement au même moment, et leur floraison est intimement associée, dans l'esprit des riverains, à la ponte des oiseaux aquatiques. La croissance de la plante *yuwi djambia yuwi* (*Echinochloa stagnina*) annonce la pousse des cannes *sua kundia* (*Saccharum edule*). Les poules d'eau *wundameri* (*Porphyrio porphyrio*) viennent alors y pondre leurs œufs. Celles-ci pondent une seconde fois, quelques semaines après, lorsque se développent les tiges nouvelles de *sua ngraï*. Quand les tiges des *mambeu* (*Saccharum sp.*), de plusieurs mètres de haut, laissent éclater leur efflorescence blanche, c'est l'époque où le guêpier *kuakuarawi* (*Merops sp.*) pond ses œufs dans la glaise des berges. Cette floraison rend les habitants des bords du fleuve très romantiques et ils aiment alors souligner la beauté du spectacle qu'offrent les rives du fleuve ainsi parées (Coiffier, 1994, p. 917-920).

Les îles flottantes, nommées *agwi,* représentent un phénomène géographique qui a été intégré dans la cosmologie iatmul comme origine de la création des premiers territoires (Coiffier, 1995). C'est un spectacle étonnant de voir dériver sur le fleuve ces îles verdoyantes sur lesquelles volettent de petits oiseaux *tshigat kali* (*Rhipidura leucophrys*) au plumage blanc et noir. Ces *agwi* peuvent être parfois dangereuses pour la navigation fluviale, les jours de brouillard ou la nuit. Le plus souvent elles dérivent au milieu du fleuve, mais parfois, lorsqu'elles s'approchent trop près des rives où se trouvent construits les villages, elles arrachent les débarcadères et emportent les pirogues qui y sont accrochées. Les *agwi* apparaissent souvent dans les récits mythiques de la création du monde. Elles sont parfois considérées l'égal du placenta d'un nouveau-né. Les Iatmul racontent que leur territoire a été formé au milieu des eaux par la fixation de divers *agwi*, grâce aux racines de certains arbres, et ils emploient le terme *tamande djewala* pour désigner une *agwi* ainsi fixée. Bateson relate (1932, p. 405) comment les habitants de Mindimbit imaginent la formation de leurs premiers territoires à partir de la division d'une terre-mère en plusieurs *agwi* qui flottèrent vers quatre directions opposées deux à deux, pour former le monde : Woliagwi vers l'est (en aval du fleuve), Kumbalangawi agwi vers le sud (lacs Chambri et Blackwater), Yambun agwi vers l'ouest (en amont du fleuve) et Mevambüt agwi vers le nord (les marécages à sagou des Sawos). Ainsi les différents territoires des clans ont toujours une ou plusieurs *agwi* comme origine, et ces noms sont tous féminins. Les histoires concernant les cheminements de ces *agwi* sont très secrètes car elles garantissent la tenure foncière des divers territoires claniques.

2. Le fleuve comme lien entre les peuples de la région

Le fleuve Sepik avec ses nombreux méandres est perçu par les Iatmul à l'égal du long stipe d'un palmier à rotin qui serpente dans la canopée arborée. En effet, comme le fleuve, constitué des flots qui s'écoulent dans un lit de limon, ce stipe est constitué de la sève qui circule au sein de la moelle enveloppée de l'écorce sèche (Coiffier, 2012, p. 299). La vie du fleuve est ainsi rythmée par les périodes de crue et celles de sécheresse. Dans la mythologie locale, il n'y avait que de l'eau à l'origine du monde, jusqu'au jour où un crocodile mythique fit émerger la terre ferme en tournant sur place. L'ethnologue Gregory Bateson (1932, p. 405) a ainsi collecté une version d'un mythe d'origine du village iatmul de Mindimbit qui évoque cet état : « À l'origine tout n'était que de l'eau, il n'y avait qu'une créature double nommée Kavokmali-Iambulamali qui vivait dans l'eau. Cette créature était une sorte de crocodile, selon une version exotérique et un crochet tshamban selon une version ésotérique. L'esprit Kavambuangga sépara les deux créatures en tuant Kavok. Certains pensaient que Tshuat-maliandi était la langue de Kavok, mais il se disait en secret que cette dernière se trouvait entre Kavok et Iambula[1]. Après cette séparation, Iambulamali partit vers le haut et devint le ciel, et Kavokmali resta en bas et devint la terre. » L'organisation dualiste qui structure les sociétés iatmul divise ainsi le cosmos en une moitié « soleil » associée au ciel masculin et une moitié « mère » associée à la terre féminine. L'eau représente dans ce système un élément intermédiaire qui appartient alternativement à l'une et à l'autre (Coiffier, 2010). L'eau de pluie, comme celle du fleuve, fait partie, avec le lait et le sperme, des fluides primordiaux générateurs de vie. La sécheresse, c'est-à-dire le manque d'eau, est donc assimilée à la mort, car l'eau de pluie est censée fertiliser la terre et la faire gonfler comme le ventre d'une femme enceinte. Il existe une réelle complémentarité entre les moitiés « terre » et « soleil », dont le lien principal est l'eau. Selon les Iatmul, le soleil contrôle les pluies et l'évaporation de l'eau. Mais si l'eau est indispensable à la croissance des végétaux, celle-ci peut devenir meurtrière lorsqu'elle est trop abondante. Les flots du fleuve peuvent saccager les cultures et détruire les maisons. Les Iatmul, comme les Sawos, croyaient autrefois que le fleuve était

[1] Le terme *tshuat* désigne une cigale, ce qui explique l'importance de cet insecte dont les stridulations représentaient la voix des ancêtres.

peuplé de puissants esprits des eaux *wagan*, avatars d'ancêtres primordiaux se présentant sous la forme de crocodiles ou de poissons silures (Coiffier, 2002, 2004).

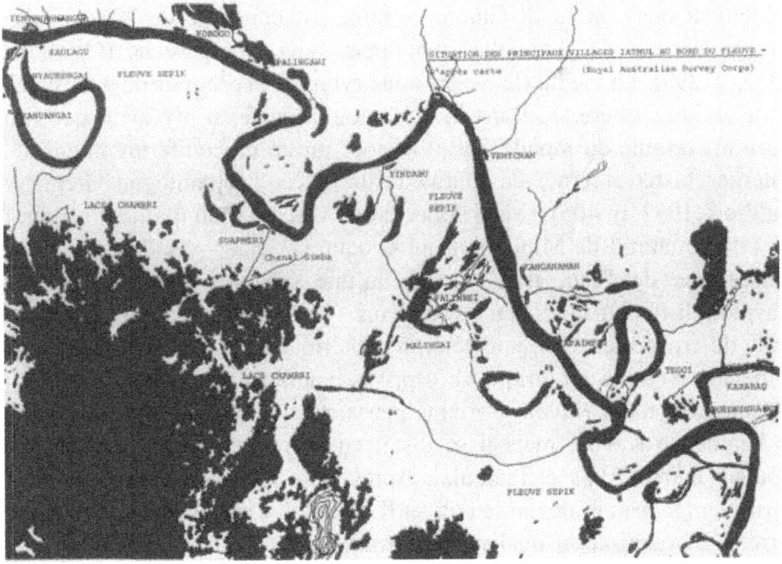

Figure n° 1 : Zone centrale du bassin du fleuve Sepik avec l'emplacement des principaux villages iatmul (d'après carte Royal Australian Survey Corps, 1977).

Les archéologues confirment aujourd'hui que la plaine centrale du Sepik aurait été, il y a six mille ans, une mer intérieure dont il ne subsisterait aujourd'hui que les lacs Chambri avec leur déversoir dans la mer, le fleuve Sepik (Swadling, 1990). Le lac se dit *tschat,* en iatmul, ce qui pourrait expliquer l'étymologie du mot *ambutschat* (litt. l'extrémité du lac), désignant tout à la fois le fleuve Sepik ou un ancien grand lac, ce qui confirmerait l'hypothèse des archéologues de l'ancienne mer intérieure. Les terrasses alluviales qui constituent les berges de certaines parties du fleuve ou de certains méandres abandonnés sont des terrains fertiles propices à la création de jardins. Ces levées de limon représentent des reliefs situés à quelques mètres au-dessus du niveau moyen de l'eau du fleuve et celles-ci se trouvent en plus grand nombre dans la partie ouest de la région iatmul. Lorsque l'on regarde une carte (cf. fig. 1), on constate que la majorité des villages se trouvent placés à des emplacements privilégiés et il est probable que la densité d'occupation des sols à l'arrivée des Européens devait être déjà assez élevée vu la surface des zones immergées pendant une longue durée de l'année. La majorité des villages iatmul se trouvent situés au bord de lacs de méandres abandonnés car la faune halieutique apprécie leurs eaux calmes. Un certain nombre de villages occupent des positions stratégiques pour le contrôle des affluents constituant les voies d'accès aux villages sawos où les femmes iatmul vont échanger leurs poissons contre de la fécule de sagou. Il existe de nombreux canaux (*barrat* en pidgin-anglais) qui constituent des raccourcis pour relier les lacs entre eux, mais ils ne sont utilisables que durant la saison humide.

Les villages sawos sont construits également sur des terrasses alluviales d'anciens méandres abandonnés au sein des marécages à quelques kilomètres des rives du fleuve. Les relations entre ces divers villages ne peuvent donc se faire qu'à l'aide de pirogues, excepté à la période sèche durant quelques mois. Historiquement, toutes les grandes migrations se sont faites en pirogue et, depuis plus d'un siècle, les Iatmul avec leurs alliés Sawos ont pris le contrôle des rives de la zone centrale du bassin du fleuve. Les raids guerriers avaient lieu, jadis, presque exclusivement sur des grandes pirogues de guerre qui depuis une quarantaine d'années ont été transformées en pirogues de commerce motorisées (Coiffier, 2000). Les Iatmul ont pour voisins les peuples manambu, kwoma, ndu en amont et de nombreux peuples de langues très différentes en aval jusqu'au delta. Aucun d'entre eux ne semble avoir jamais réussi à s'assurer la maîtrise de la région basse du fleuve. Avant la colonisation européenne, au milieu du vingtième siècle, il était hasardeux, voire dangereux de circuler de l'amont à l'aval du fleuve où vice versa. La *Pax Australia* a permis la libre circulation sur le fleuve et le développement des échanges entre les diverses communautés riveraines.

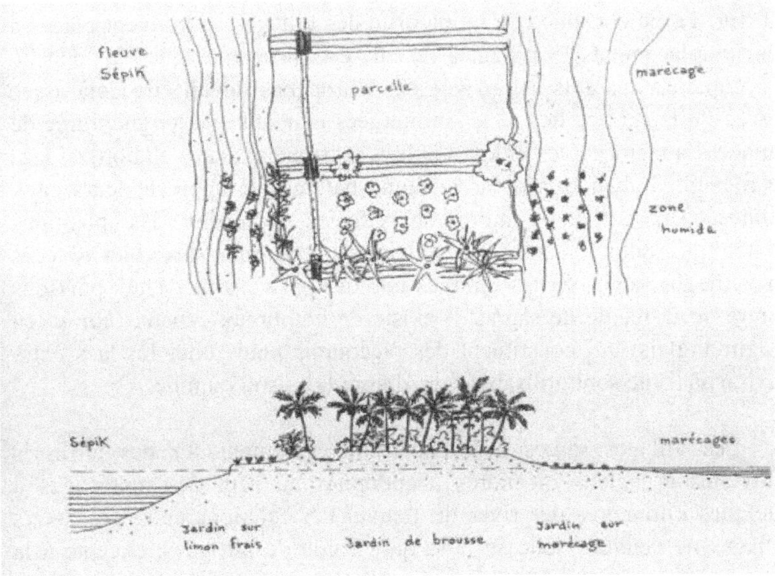

Figure n° 2 : Plan et coupe transversale d'une terrasse alluviale présentant l'organisation de divers types de jardins.

Les villages iatmul se reconnaissent de loin aux rangées parallèles de palmiers plantées perpendiculairement au fleuve (cf. fig. 2). Ces rangées délimitent des parcelles de terrain appelées *yuwa* qui se terminent sur la berge par un escalier (*kamberegut*) découpé dans le limon. En période sèche lorsque le niveau de l'eau se trouve à plusieurs mètres au-dessous du niveau des berges, celles-ci sont alors accessibles grâce à des plates-formes flottantes appelées *tagumi* (litt. ponts-arbres) qui ont de nombreux usages. Elles permettent l'accostage et l'amarrage des pirogues. Ces plates-formes servent également pour le lavage du linge, de la vaisselle, des légumes et pour la toilette des humains. Elles sont constituées de très gros troncs d'arbres assemblés solidement entre eux et amarrés à la berge par des cordages. Elles montent et descendent librement au gré des fluctuations du niveau de l'eau du fleuve, entre de longs pieux *mbandjué* plantés dans le limon pour les maintenir parallèles à la berge (cf. fig. n° 3). Une passerelle en bambou ou en planche permet d'y accéder à partir des diverses marches de l'escalier découpées dans le limon de la berge.

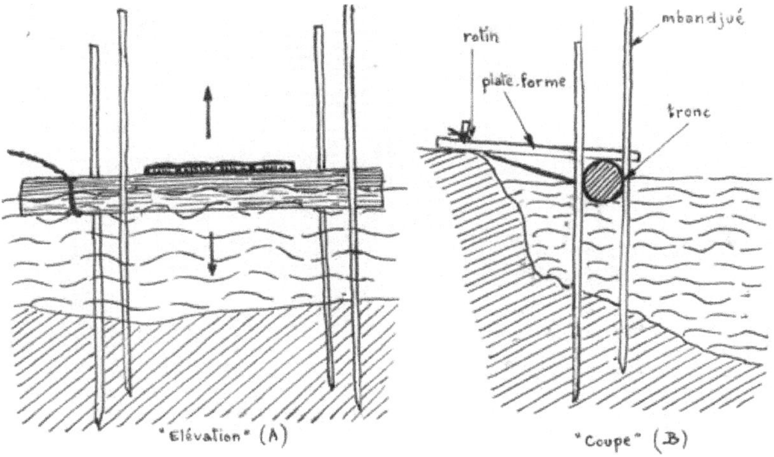

Figure n° 3 : Plate-forme flottante *tagumi* en élévation (A) et en coupe (B).

Les habitants disposent selon les saisons de deux types de voies d'accès à leurs villages : la voie terrestre (*yambu*) et la voie fluviale (*ndandangue yambu*). Les voies terrestres ne sont utilisables qu'une partie de l'année, durant la saison sèche. Ces chemins sont souvent parallèles au fleuve ou à ses affluents. Ils suivent le tracé des terrasses alluviales. Durant la période des pluies, lorsque la crue noie la quasi-totalité du territoire, les chemins disparaissent sous les eaux et la circulation ne peut plus se faire qu'en pirogue. À l'intérieur des villages, les tertres *tupinambu* présentent des « échancrures » qui permettent le passage des esquifs. La construction de tous les édifices, sur des pilotis plus ou moins hauts selon les lieux, est donc indispensable dans cette région qui connaît chaque année une longue période de crue durant laquelle les eaux du fleuve montent de plusieurs mètres (cf. fig. n° 4).

Figure n° 4 : Maisons sur pilotis au bord d'un petit affluent du Sepik avec un pont permettant de le traverser (village de Palimbeï).

On comprend l'importance de l'utilisation des pirogues et de la construction de passerelles entre les diverses masses de terre émergées dans un pays où l'élément liquide prédomine durant une longue période. Il existe plusieurs techniques de fabrication de ponts et de passerelles. Pour traverser les petits canaux, une section de tronc plus longue et plus grosse est utilisée. La partie supérieure est aplanie à l'aide d'une herminette de façon à la rendre moins glissante. Ces troncs peuvent être fixés à l'aide de pieux (*mbandjué*) enfoncés dans la vase. Certaines constructions de ponts sont plus complexes et constituent de véritables ouvrages d'art. Lorsqu'un seul tronc n'est pas suffisant pour traverser une large voie d'eau, deux troncs sont alors posés avec leurs extrémités (côté racine) sur chaque rive et leurs autres extrémités (côté cimes) venant reposer sur des piles constituées par des gros pieux enfoncés sous l'eau dans la vase. Des tiges de bambou de plusieurs mètres sont placées en croisillons (fixées par des lianes de rotin) de chaque côté des troncs pour constituer des mains courantes (cf. fig. n° 5).

Figure n° 5 : Pont en troncs d'arbres avec main courante en bambou (village de Palimbeï).

Dans les zones marécageuses, comme entre certains villages sawos, des centaines de mètres de chemin sont ainsi aménagés avec de telles passerelles (cf. fig. n° 6). Ces ouvrages réclament un entretien régulier qui est assuré conjointement par les hommes de deux villages alliés. Les techniques de fabrication de ces ponts et passerelles varient selon les régions. Durant la longue période d'inondation, des cheminements surélevés sont également fabriqués au sein des villages pour relier les divers édifices d'une même zone d'habitation et particulièrement les toilettes (Coiffier, 1994, pp. 397-398).

Figure n° 6 : Système de passerelles surélevées permettant de traverser des zones marécageuses situées entre les villages sawos.

3. Le fleuve comme marqueur des saisons

Dans cette région, la division de l'année se fait en fonction des lunaisons et par rapport au changement de la végétation que rythment les crues du fleuve (cf. fig. n° 7). Les villageois distinguent deux saisons principales : la saison sèche, *nyangue* ou *kunguidjawa* (période de basses eaux), et la saison humide, *tshambiangu* ou *avangui* (période de hautes eaux). « En fait le calendrier n'est pas simplement lunaire, il est aussi contrôlé par le niveau de l'eau. L'année se compose officiellement de douze mois, soit cinq lunes de niveau d'eau élevé et cinq de niveau bas avec entre chacun de ces groupes une lune intermédiaire. Mais la montée et la chute de l'eau étant très irrégulières, mes informateurs se demandaient en général en quel mois on était » (Bateson, 1971, p. 260). En effet, entre ces périodes, les Iatmul distinguent une intersaison appelée *nambi* (litt. *mbi*, le lait ou le sperme) correspondant pour l'une, appelée *nambi nyangue,* à la floraison des arbres et pour l'autre, *nambi tshambiangu*, à la floraison des cannes. Le terme *nambi* désigne également les fourmis volantes qui apparaissent en nombre à ces époques de l'année. On retrouve cette division en deux saisons, sèche (*nyakamali*) d'avril à octobre et humide (*kwaiyungkw*) de septembre à mars, chez les Manambu, un peuple voisin. Pour les Iatmul, *nambi* représente les saisons de jardinage, leur année se trouve donc divisée en deux périodes bien distinctes en fonction du débit de l'eau du fleuve, et ils distinguent ; les eaux montantes (*tshigla wat*) et les eaux descendantes (*plut wat*). Mais tout les dix ans environ des grandes crues exceptionnelles, *embungu*, provoquent des dégâts considérables dans toute la région. Dans la partie centrale du bassin du Sepik, les eaux du fleuve commencent à monter dès le mois de novembre. Les eaux de la crue gonflent progressivement les marécages du mois de décembre au mois de mars, au point de former dans certains endroits, comme les lacs Chambri, une véritable mer intérieure. Les fluctuations du niveau des eaux sont modulées par les entrées en crues successives des divers affluents du fleuve Sepik, comme ceux de la région nord-ouest qui sont alimentés par les pluies de la mousson. Les crues de ces affluents sont perceptibles et identifiables, en aval par le changement de couleur des eaux du fleuve et par l'abondance de certaines essences de troncs d'arbres dérivants (*yumbun*) dans le courant. Les anciens prétendent que les crues actuelles sont moins régulières que jadis et de nombreux jeunes hommes prétendent avoir abandonné les cultures maraîchères dans leurs jardins sur les rives du fleuve après que celles-ci eurent été détruites par des remontées inopinées du niveau des eaux (Coiffier, 1994, p. 485).

La nouvelle année (*damwe* ou *nambi*) est donc perçue grâce à l'observation de divers signes naturels comme la disparition de l'étoile Ndemaï (qui est en fait la constellation des Pléiades), l'apparition des fourmis volantes *nambi* et la floraison presque simultanée de toutes les cannes *sua mambeu* (*Saccharum sp.*) qui croissent au bord du Sepik. La nouvelle année est ainsi considérée comme une régénération générale de la nature qui donne lieu dans tous les villages à une grande fête appelée *ndemaï mbangu*. Elle est destinée à protéger les villageois contre les effets des mauvais esprits qui pourraient les assaillir. Lorsque Ndemaï disparaît à l'ouest, alors les gens du Sepik savent que la nouvelle année est arrivée et ils sont tristes car ils savent qu'une période de carence alimentaire va commencer. La fête organisée en l'honneur de Ndemaï célèbre la nouvelle année et elle est aussi destinée à assurer le retour de l'étoile avec l'abondance en nourriture. À l'occasion de cette fête, des mannequins anthropomorphes sont fabriqués en rotin avec une tête en noix de coco et ils sont habillés de feuilles de cordyline. La cérémonie commence toujours devant le fronton avant de la maison cérémonielle, près des mégalithes dressés et censés évoquer la constellation des Pléiades. Les hommes dansent dans leurs pirogues en agitant les mannequins alors que les femmes et les enfants les suivent dans leurs petites pirogues. Tous se dirigent ainsi vers le fleuve en chantant pour aller placer ces mannequins en haut de deux arbres *ngupma* (*Neonauclea sp.*), l'un en amont et l'autre en aval du village. Une fouëne est placée dans leur main droite pour qu'ils puissent attraper beaucoup de poissons (Coiffier, 1994, pp. 922-928).

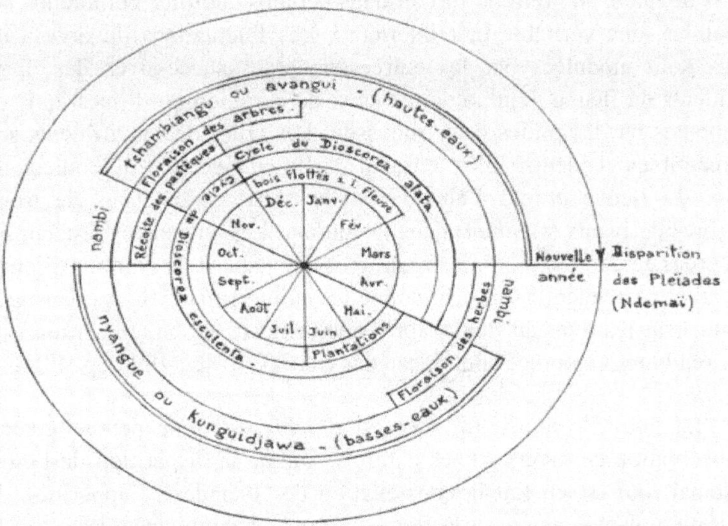

Figure n° 7 : Cycle des saisons et des cultures agricoles chez les Iatmul de Nouvelle-Guinée.

4. Les crues et les décrues

Chaque année la crue est attendue avec impatience car elle apporte la fertilité et l'abondance en nourriture, alors que la période de sécheresse, plus ou moins relative selon les années, est appréhendée. En effet, lorsque les lacs s'assèchent, la faune halieutique devient rare. La crue change considérablement la vie des habitants des villages des rives du Sepik. La lente montée des eaux commence en général au début du mois de novembre. L'eau s'insinue alors partout et l'on peut constater journellement la progression de la montée du niveau du fleuve, tant du côté du Sepik qu'à l'arrière des villages du côté des marécages, ce qui donne l'impression aux habitants d'être totalement cernés par l'élément liquide. Lorsque l'eau atteint la partie basse des habitations, l'expression *nimbi ngu* est utilisée. Le sens littéral de cette expression, qui signifie dents-eau, semble faire allusion aux poteaux des maisons perçus comme des dents. La montée des eaux chasse de leur repère quantité d'animaux : les porcs sauvages, les petits mammifères et les serpents, elle provoque alors souvent la mort de certaines essences de palmiers comme les aréquiers. À Angoram, village situé à quelques dizaines de kilomètres en amont du delta, la différence de niveau de l'eau du fleuve est de 3,5 mètres entre les mois d'avril/mai et le mois d'août. Le débit du Sepik peut alors atteindre 10 963 mètres cubes/seconde au mois de mai pour seulement 4 363 mètres cubes/seconde au mois de juillet de la même année (Mitchell, 1979). Les Iatmul, comme les Sawos, comparent parfois la crue au liquide amniotique du ventre maternel, et le fœtus à un poisson. Lorsque les eaux sont hautes, ils disent que le poisson est gras, lorsqu'elles sont basses, ils prétendent au contraire que le poisson est maigre (Schindlbeck, 1980, p. 139).

Lorsque la montée des eaux s'accélère, dans le courant du mois de janvier, elle commence à envahir les petits canaux qui séparent les jardins et les parcelles claniques. Les eaux du fleuve font alors jonction avec celles des marécages venues de derrière les édifices. C'est le moment pour les femmes d'y placer leurs filets à poissons ou leurs nasses à chevrettes. La crue est en effet une bonne occasion pour faire des pêches fructueuses. Des morceaux de berges sèches s'écroulent dans les eaux tumultueuses. Les zones les plus basses des villages sont envahies par les eaux et les habitants de certaines habitations ne peuvent plus accéder à ces dernières qu'en pirogue. Les canaux provenant des marécages voisins déversent dans le fleuve une eau noirâtre chargée de matières en décomposition, et les moustiques sont de plus en plus nombreux et agressifs, spécialement les jours d'orage. Les habitants profitent de cette situation pour transporter par flottaison les lourds troncs d'arbres utiles pour les constructions des maisons. Les toilettes se vident de leur contenu qui se répand dans les jardins avec une odeur nauséabonde. Il faut placer des ponts de fortune dans de nombreux endroits pour traverser les fossés transformés en rivière. Les familles adaptent ainsi leurs manières de vivre au jour le jour, suivant chaque modification apportée par la crue.

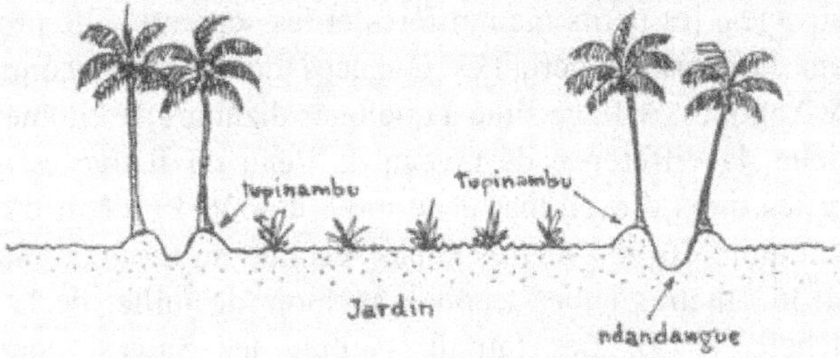

Figure n° 8 : Coupe longitudinale à travers une parcelle de jardin de brousse limitée sur ses côtés par des fossés perpendiculaires au fleuve Sepik.

Les habitants travaillent (pour la construction de pirogues ou la sculpture d'objets divers) dans les parties inférieures de leurs demeures ou sur les tertres qui émergent de l'étendue liquide. On peut alors accéder directement en pirogue à l'intérieur des parties inférieures des maisons. Le bois de feu doit être placé sur des plates-formes surélevées. Dans les villages, chacun circule en pirogue entre les demeures familiales. Les poulets volent d'un tertre à l'autre ou d'une plate-forme à l'autre, mais ce sont les canards qui se montrent les plus satisfaits de la situation. Les enclos à porcs sont reconstruits au sommet des tertres. Les femmes lavent la vaisselle et le linge directement au pied de leur maison, mais il leur faut aller chercher l'eau potable dans des seaux, loin de la pollution villageoise. Certaines pêchent à la ligne directement depuis l'escalier de leur maison. Les petits enfants sont contents de pouvoir pagayer autour de la maison familiale sous le regard et la surveillance de leur mère. Cependant, la pollution engendrée par la crue est la cause de nombreuses maladies et épidémies qui provoquent chaque année la mort de nombreux enfants et vieillards. La construction des toilettes, derrière les maisons familiales, imposée par l'administration à l'époque coloniale, et la multiplication des détritus non dégradables n'ont fait qu'augmenter cette pollution. Durant les crues exceptionnelles, l'eau peut arriver à monter jusqu'au niveau des plates-formes des maisons. Les habitants doivent alors surélever ces dernières en plaçant des nouvelles poutres au-dessus des précédentes. Les édifices offrent alors plus de prise pour être renversés par le courant et le choc éventuel de troncs flottants agissant comme de véritables béliers. La règle primordiale dans les villages du bord du fleuve est donc de construire les toitures de chaume toujours au-dessus du niveau de la crue maximale connue (Coiffier, 1994, p. 484-490).

Dans le courant du mois de mars, la décrue du fleuve s'effectue très lentement et avec souvent de légères remontées du niveau de l'eau lorsqu'un nouvel affluent se met en crue. Ce qui est visible à l'apparition de troncs d'arbres flottants et d'îles *agwi* dérivant sur le fleuve. L'eau se retire rapidement des terres inondées grâce aux nombreux canaux séparant les jardins et les parcelles des demeures villageoises (cf. fig. n°9). Dans tous les villages, les hommes doivent donc s'activer pour couper les herbes et rétablir les voies de communication. Il leur faut également reconstruire les ponts détruits par l'inondation. Des myriades de tout petits insectes (ressemblant à des criquets) sautent dans l'herbe fraîchement découverte. Les moustiques sont toujours aussi nombreux et le poisson commence à manquer. Les canaux s'assèchent en premier et il devient alors plus difficile de circuler avec les grandes pirogues dans certaines zones. L'approvisionnement en fécule de sagou est parfois difficile car les femmes sawos ne peuvent aller travailler dans les palmeraies à sagoutiers encore inondées. Les femmes ne peuvent plus se rendre facilement vers les marchés pour échanger leurs poissons. Les familles consomment alors des plantes de disette et ceux qui en ont les moyens mangent du riz et du poisson en boîte. Les autres trompent leur faim en mâchant du bétel et parfois de la terre séchée. Les mères donnent de la chair de noix de coco à manger à leurs enfants et ces derniers font la chasse aux petits marsupiaux, pour suppléer à la carence des maigres repas fournis par leur mère. Le niveau du fleuve continue de baisser et les eaux, en se retirant, laissent de larges plages de limon gris qui se fendillent rapidement sous l'ardeur des rayons du soleil. Ce limon se présente comme une boue grise extrêmement fine sur laquelle se développent rapidement les joncs *kepma simbaï* (*Cyperus cf. C. Imbricatus*). Les effets positifs de cette inondation sont l'apport de ces limons fertiles dans les jardins. Dès que l'eau s'est retirée et que la terre a un peu séché, les hommes se mettent en devoir de planter. La décrue correspond à une période de disette qui est acceptée avec beaucoup de flegme par les habitants de la région. Les échanges de nourriture entre les familles se restreignent considérablement et la recherche de nourriture devient de plus en plus du « chacun pour soi ».

5. Répartition des terroirs et système d'irrigation des jardins

Si un village iatmul proprement dit consiste en une longue place d'herbe rase parallèle au fleuve, entourée par des maisons familiales et des cocotiers, le territoire de ce dernier s'étend bien au-delà. Chaque village possède en effet ses jardins, ses forêts, ses marécages, ses lacs et ses zones de pêche sur le fleuve. Les Iatmul divisent l'ensemble de leur territoire terrestre et liquide en sections de longues bandes parallèles et perpendiculaires au fleuve. Plusieurs bandes peuvent appartenir à un même clan, elles sont appelées *ngeï yalangue*. Elles commencent au milieu du fleuve et vont se perdre de l'autre côté, dans les marécages et les lacs (cf. fig. n°10 et annexe). Vu la forme sinueuse du fleuve et les changements fréquents de son cours, la tenure foncière des territoires subit de nombreux aménagements qui doivent être discutés âprement autour des tabourets d'orateur dans les diverses maisons cérémonielles des villages. Sur terre, chaque bande clanique, de plusieurs dizaines de mètres de large et perpendiculaire au fleuve, se trouve bordée d'un fossé (*ndandangue*) d'un à deux mètres de profondeur situé entre deux longs tertres (*tupinambu*). Cette organisation est visible aussi bien dans les villages que dans les zones de brousse transformées en jardin. Les crues annuelles du fleuve apportent chaque année des tonnes de limon qui viennent fertiliser la terre. L'eau pénètre dans les jardins par les fossés qui bordent chaque parcelle, ce qui permet leur bonne irrigation. Ces canaux ont donc le double avantage d'améliorer la fertilisation des jardins et de permettre un reflux des eaux plus rapide lors de la décrue. Ils doivent être régulièrement entretenus pour éviter qu'ils ne se comblent. Il est difficile d'imaginer la somme de travail qu'a pu représenter le creusement de ces canaux dans les temps anciens. Les jardins de brousse (*mbangut*) sont ainsi constitués en amont et en aval des villages. Ces parcelles ont été conquises de longue date, sur la brousse (*numbui ywa*) croissant naturellement sur les terrasses alluviales. Les tertres sont toujours plantés de cocotiers, d'aréquiers et d'arbres divers qui constituent des alignements procurant de l'ombre aux cultures des jardins. Ce contrôle de l'eau par un système de drainage est une technique fréquente et ancienne en Océanie, particulièrement en Nouvelle-Guinée. Les traces archéologiques ne manquent guère (Swadling & Kaidoga, 1981, pp. 32-39 ; Kirch, 1991, pp. 121-122). La préparation de ces terrains se fait par essartage. Les petits arbustes sont coupés avec des couteaux de brousse, et les grands arbres sont abattus soit à la hache, soit par brûlage de la base. Une fois le couvert abattu, le feu est mis aux plantes basses après qu'elles se sont desséchées quelques jours. Les végétaux les plus couramment cultivés sont les bananiers, les taros (*Colocasia sp., Xanthosoma sp., Alocasia sp.*), les ignames (*Dioscorea alatta et esculenta*), les cannes à sucre (*Saccharum officinarum*), les patates douces (*Ipomoes sp.*), le tabac (*Nicotiana tabacum*). Ces végétaux sont plantés en lignes parallèles ou perpendiculaires par rapport au chemin d'accès ou au fleuve. Les plantations de tubercules sont protégées de la voracité des porcs sauvages par des clôtures végétales formées de feuilles de cocotiers entrelacées. Après quelques années d'exploitation, le terrain est laissé en jachère pendant une quinzaine d'années.

Du côté opposé au fleuve par rapport à la terrasse limoneuse se trouvent les jardins de marécage. Les parcelles claniques n'y sont pas séparées par des fossés, mais elles se trouvent situées dans le prolongement des précédentes. La pratique du brûlis est également utilisée pour préparer ces parcelles qui sont ensemencées de végétaux à croissance annuelle et rapide (des pastèques à chair rouge ou jaune, des melons et des petits potirons). Les jardins sont, en effet, inutilisables durant la période de crue. Les plantations ne peuvent donc se faire que lorsque les eaux se sont retirées, en mai-juin, et que le sol est suffisamment asséché. Les récoltes doivent avoir lieu avant la remontée des eaux en novembre. Les jardins du bord du fleuve (*avukava*) sont situés, au contraire des précédents, non loin des villages. Lorsque les eaux de la crue baissent, elles découvrent le long des berges de larges bancs de limon grisâtre nouvellement déposés. Ils sont immédiatement ensemencés ou plantés de clones divers. Ces plantations sont faites en lignes parallèles au fleuve, vu la configuration de ces bans limoneux. Il existe un quatrième type de jardins qui se trouvent sur les tertres entourant les maisons d'habitation. De nombreux arbres fruitiers associés à des arbres à feuillage décoratif y sont plantés. Ces arbres se développent d'autant mieux que les détritus ménagers déposés sur ces tertres se transforment rapidement en un compost fertile. On y trouve ainsi des bananiers (*Musa sp.*), pommiers de Malaisie (*Eugenia sp.*), arbres à pain (*Artocarpus altilis*), caramboliers (*Averrhoa carambola*), manguiers (*Mangifera minor*), morindas (*Morinda citrifolia*), papayers (*Carita papaya*), cocotiers (*Cocos nucifera*), aréquiers (*Areca catechu*), goyaviers (*Psidium guajava*), orangers (*Citrus aurantium*), mélangés à des arbustes décoratifs comme cordylines (*Cordyline fruticosa*, *Evodia ridlegi*, *Acalypha wilkasiana*), etc. Cette technique de culture permet aux végétaux de subir moins longtemps les effets de la crue. Les alentours des maisons sont plantés de végétaux de consommation courante : quelques pieds de patate douce, d'ananas, de tabac, de petit taro, de canne à sucre et de plantes à fleurs diverses (Coiffier, 1994, p. 311).

Les jardins sont considérés comme féminins, c'est pourquoi ce sont les hommes qui s'occupent des semailles et de l'entretien (désherbage, édification des billons). Les tubercules, les boutures et les graines sont enfoncés dans la terre par les hommes à l'aide d'un bâton à fouir. Ce sont ensuite les femmes qui les recouvrent avec la terre et qui récoltent. Jadis, il était formellement interdit d'avoir des relations sexuelles dans les jardins car cela risquait de nuire à la bonne croissance des végétaux. Dans la région sawos, les possibilités de cueillette sont beaucoup plus grandes vu les nombreuses espèces d'arbres croissant dans la brousse environnante. En revanche, on ne rencontre que deux types de jardins : ceux situés près des habitations et ceux situés dans les essarts de la forêt environnante.

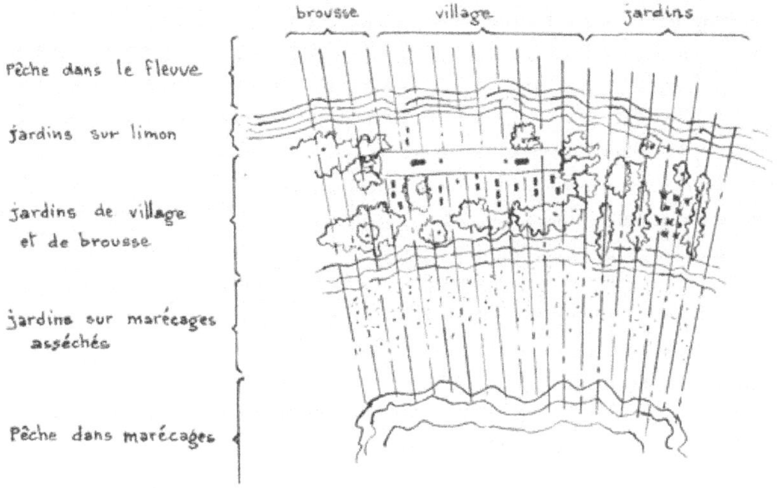

Figure n° 9 : Schéma du système de répartition des parcelles claniques dans les villages iatmul situés sur des terrasses alluviales parallèles au fleuve Sepik.

6. L'eau, un bien commun source de vie

Ainsi, la majorité des terrains émergés, comme les espaces inondés (fleuve, affluents, canaux, lacs), sont la propriété collective des divers clans existant chez les Iatmul et les Sawos. Il n'y a pas un pouce de territoire qui ne soit attribué à l'un quelconque des clans locaux. Les terres appartiennent tant aux vivants qu'aux morts et il n'y a donc pas de propriété individuelle. Les parcelles sont attribuées aux différents membres de ces clans qui ont la charge de les entretenir. Comme il règne beaucoup de confusion au sein de ces clans, il est parfois difficile de retrouver les véritables propriétaires d'une parcelle. Les départs des familles vers les villes ont ajouté à cette confusion en laissant de nombreux terrains et jardins vacants. Les clans ne cessant de se diviser, certaines branches entrent souvent en conflit au sujet de la propriété d'un même terrain. De plus, des morceaux de territoire sont annuellement emportés par les eaux du fleuve lors des grandes crues, et de nouvelles terres se créent parfois. Ces nouveaux terrains sont alors attribués automatiquement en tenant compte du tracé des parcelles voisines existantes. Les mariages, les adoptions inter villageoises, les conversions à des religions importées récemment et les conflits ont poussé certains groupes à s'expatrier, si bien que de nombreux clans possèdent maintenant des droits sur des terres très éloignées de leur lieu de résidence actuel. Lorsqu'un clan s'éteint dans un village, ses membres résidant dans un autre village peuvent légalement faire valoir leurs droits sur les terres laissées vacantes. C'est pourquoi un homme sans descendance masculine adopte souvent un très jeune enfant dans une famille de son clan appartenant à un autre village pour pouvoir pérenniser ses droits sur une parcelle. Il n'est pas rare que au cours d'une discussion autour du tabouret d'orateur, un homme puisse revendiquer un terrain en disant : « Ceci est mon agwi ! », en faisant donc référence à une île flottante *agwi* ancestrale. Il doit pouvoir cependant apporter des éléments qui peuvent accréditer son affirmation (noms ancestraux, objets divers).

Si les femmes iatmul travaillent dans les jardins, leur activité principale demeure la pêche qu'elles pratiquent journellement très tôt le matin avec différentes techniques comme les filets, les hameçons à la traîne, les nasses en vannerie et les fouënes. Elles possèdent ainsi chacune leurs propres lieux de pêche sur les parcelles appartenant à leur époux. Elles retirent ainsi du fleuve et des lacs voisins, durant presque toute l'année, l'essentiel de l'alimentation de leur famille (poissons, crustacés, légumes d'eau). Le surplus de poissons est séché puis échangé contre des paquets de sagou produit par les femmes sawos dont elles sont les partenaires attitrées. L'eau qui remplit et vide régulièrement les marécages permet, en effet, aux femmes sawos de pratiquer une exploitation intensive des palmiers sagoutiers qui sont de gros consommateurs d'eau. S'il n'y a guère de soins à apporter à leur culture, l'extraction de la fécule de leur stipe par les femmes s'avère beaucoup plus laborieuse et utilise beaucoup d'eau (Coiffier, 1993). L'eau permet de séparer la fécule de la pulpe à l'aide d'une technique de filtrage qui est particulière pour chaque village. C'est un travail qui occupe une grande partie du temps des femmes sawos. Les aléas de ces différents types d'activités étaient plus ou moins compensés, jadis, par des croyances envers les esprits de la forêt et les esprits des eaux. Le dernier et récent avatar de l'économie locale est également venu du fleuve, avec les bateaux de croisière qui amènent dans les villages plus ou moins régulièrement des touristes étrangers, ce qui représente un apport financier non négligeable.

Conclusion

L'économie des peuples iatmul et sawos repose donc presque exclusivement sur l'utilisation de l'eau. Leur problème principal est la bonne gestion de la traversée de leurs territoires par cet élément liquide, le fleuve Sepik, qui est susceptible de leur apporter tant la prospérité que la mort. Toutes les activités journalières des hommes et des femmes sont donc orientées vers une certaine rationalisation de l'utilisation des terres émergées et des zones de pêche. L'étude détaillée des pratiques halieutiques et horticoles des Iatmul et des Sawos (Coiffier, 1994) permet de comprendre comment chacun de ces peuples a réussi depuis plusieurs siècles à adapter ses modes de vie à un territoire profondément modelé par les nombreux caprices du fleuve Sepik. La mythologie et certaines pratiques des peuples iatmul et sawos les distinguent ainsi des autres peuples mélanésiens de Nouvelle-Guinée. Comme les peuples d'origine austronésienne établis sur les côtes nord de l'île et dont le style de vie s'apparente à celui des Polynésiens, les Iatmul sont totalement orientés vers la gestion de l'eau et des activités qui en découlent. Les Iatmul ne sont pas vraiment des horticulteurs, comme leurs lointains voisins les Abelam, cultivateurs d'ignames, pourtant ils utilisent dans leur vocabulaire de nombreux termes d'origine austronésienne (Coiffier, 1996, pp. 119-121). Leurs particularités ne seraient-elle pas une preuve d'une migration ancienne de groupes austronésiens dans cette région de Nouvelle-Guinée ?

Bibliographie

Bateson G., « Social structure of the Iatmul people of the Sepik River », *Oceania*, vol. 2, 1932, pp. 245-291 et 401-453.

Bateson G., *Naven. A survey of the problems suggested by a composite picture of the culture of a New Guinea tribe drawn from three points of view*, Stanford (California), Stanford University Press, (1936), 1958, trad. Française, Latouche P. & Safouan. N., « *La cérémonie du naven* », Paris, Éditions de Minuit, 1971.

Coiffier C., « Diversité des techniques de séparation du sagou de son support, dans la province du Sépik-Est (Papouasie Nouvelle-Guinée) », *Techniques et culture*, 1993, n° 22, pp. 1-35, 5 fig., 3 tab, 5 photos.

Coiffier C., « L'écorce et la moelle du rotin », *Tshimbe kuvu, kwiya kuvu*, conception iatmul de l'univers (Papouasie), Thèse de Doctorat en Anthropologie sociale et Ethnologie, Paris, E.H.E.S.S, 1994.

Coiffier C., « Les îles flottantes du fleuve Sépik ». Note conçernant l'article de Henri Lavondès, Jules Verne, les Polynésiens et le motif de l'île mouvante. Miscellanées, *Journal de la Société des Océanistes*, n° 100-101, 1995, pp. 238-240.

Coiffier C., « Vegetal names in the Ndu Languages », Special Volume Dedicated to Professor André-Georges Haudricourt, *Mon-Khmer Studies, A Journal of Southeast Asian Languages*, vol. XXV, 1996, pp. 109-124, 1 fig.

Coiffier C., « Une pirogue chez les Iatmul du fleuve Sépik (Papouasie Nouvelle-Guinée) », *In* Traversées, Construction navale, expressions symboliques Asie-pacifique, Paris, Ed. de la maison des sciences de l'homme, *Techniques et Culture*, n°35-36, 2000, pp. 233-254.

Coiffier C., « Les hommes-crocodiles dans la vallée du Sépik en Papouasie Nouvelle-Guinée », *In Imagi-mer, créations fantastiques, créations mythiques,* Collection Kétos, Paris, Centre National du livre, Saint-Malo, Comapêche, 5 figures, 2002, pp. 243-254.

Coiffier C., « Qui s'y frotte s'y pique ! La représentation du poisson-chat chez les Iatmul, Papouasie Nouvelle-Guinée », *In Auf Spurensuche, Forschungsberichte aus und um Ozeanien zum 65. Geburtstag von Dieter Heintze,* sous la direction de Dorothea Deterts, Bremen, Jahrbuch XI, Überseemuseum Bremen, 2004, pp. 205-212.

Coiffier C., *Primauté du centre dans une société dualiste de Papouasie Nouvelle-Guinée,* Mémoire d'HDR, Paris, Université de Paris-Descartes (multigraph.), 2010.

Coiffier C., « L'écorce et la moelle du rotin », une métaphore dans un système de pensée de Papouasie Nouvelle-Guinée », *In* Véronique Alexandre Journeau, Violaine Anger, Florence Lautel-Ribstein et Laurent Mattiussi, *Métaphores et cultures. En mots et en images,* Paris, L'Harmattan, 2012, pp. 297-317.

Kirch P., « Polynesian Agricultural System », *In Islands, plants and Polynesians. An Introduction to Polynesian Ethnobotany,* Ed. P. A. Cox & S.A. Banack, (Proceedings of a Symposium Sponsored by the Institute of Polynesian Studies, Brigham Young University-Hawaii Campus, Laie, Hawaii), Portland (Oregon), Dioscorides Press, 1991, pp. 113-133.

Mitchell W.-D.-S., *The Incidence and management of Salvenia molesta in Papua New-Guinea.,* Konedobu/Waïgani, Office of Environnement & Conservation, Department of Primary Industry, 1979.

Robbins R.-G., « Vegetation of the Wewak Lower-Sepik area », *C.S.I.R.O.,* Australia Land. Res, Series 22, 1968, pp. 109-124.

Saunders J.-C., « Forest resources of the Wewak-Lower Sepik area », *In Lands of the Wewak-Lower Sepik area,* P.N.G., Land research series, n°22, Australia, Commonwealth Scientific and Industrial Research Organisation, 1968.

Saunders J.-C., « Forest resources of the Aïtape-Ambunti area », in *Lands of the Wewak-Lower Sepik area,* P.N.G., Land research series, n°22, Australia, Commonwealth Scientific and Industrial Research Organisation, 1972.
Schindlbeck Markus., *Sago bei den Sawos (Mittelsepik, Papua New-Guinea) Untersuchungen über dis Bedeutung von Sago in Wirtschaft, Sozialordnung und Religion,* Band 19, Basel, Ethnologisches Seminar der Universität und Museum für Völkerkunde, 1980.
Staalsen P. & Staalsen. L., *Iatmul-English Dictionary*, (multigr.) 1966, 74 p.
Swadling P., « *Sepik Prehistory* », *In* Nancy Lutkehaus, Christian Kaufmann, Williams E. Mettchell, Douglas Newton, Lita Osmundsen et Meinhard Schuster (Eds), *Sepik Heritage, Tradition and Change in Papua New Guinea*, Durham, North Carolina, Carolina Academic Press, 1990, pp. 71-86.
Swadling P. & Kaidoga. K., *Papua New Guinea's Prehistory : An Introduction*, Boroko, National Museum & Art Gallery, 1981.

Annexes

Division foncière, en 1988, des jardins de brousse du village de Palimbeï (section Payembit) entre le chenal Kurupmui (en aval) et la limite des terrains appartenant au village de Yentchen (en amont). La largeur de la parcelle s'entend dans le sens aval-amont du fleuve.

Clan propriétaire	Bénéficiaire de la parcelle	Largeur
Chenal Kurupmui en aval		
Nangusime	Mathieu Maïemdimi Sunguamelabwan (Madang)	60
Nangusime	Michael Kuasalagu Ngaoabwan (Abusatngeï)	45
Saoun	Dick Namioabwan Watnawimeli (Rabaul)	53
Suaru	Laurence Nguagen Malisuwa (Palimbeï)	51
Wanguande	Steven Kasangunmoi Namanbangu (Rabaul)	20
Iatmul	Keven Kungrinawi Kegenwan (Palimbeï)	58
Kwanguwala-Suaru	?	50
Ndamawala-Suaru	Jo Yambandi Lamiabwan (Madang)	74
Wanguande	Joseph Warandimi Yamangenwan (Madang)	51
Saoun	Segandjakaman Amenomeli (Madang)	53
Iatmul	Walundemi Namanbangu Namos	50
Nangusime	Bruno Tonakuan paliwan (Abusatngeï)	72
Saoun	Sekendjekaman Amenomeli (Madang)	108
Saoun	Raymond Agwan Pagwimbangue (Port Moresby)	30
Saoun	Clément Mbandjemoïmeli Pagwimbangue (Madang)	105
Ndamawala-Suaru	Pieter Ngumbangue Wanguemeli (Madang)	58
Nangusime	Beno Mbangamban Maetmbowi (Rabaul)	30
Wanguende	Steven Kasangunmoi Namanmbangue (Rabaul)	30
Ndamawala-Suaru	Andrew Kemelawi Mbatmbat (Hagen)	22
Kwanguwala-Suaru	Djangut Tambangue (Rabaul)	33
Gualma	Robert Sawdjukundimi Kundiwusu (Palimbeï)	24

Iatmul	Keven Kungrinawi Kengenwan (Palimbeï)	32
Iatmul	Yambowan Kungrinawi (Rabaul)	38
Iatmul	Joseph Savetabwan Nguanduan (Madang)	33
Iatmul	Martin Sevanabwan Makundiabwan (Palimbeï)	10
Iatmul	Sevan Kualumeyabwan Sevanandimeli (Rabaul)	36
Iatmul	Steven Melimoso Kengenwan (Palimbeï)	24
Iatmul	Kamarinyavi Wemandimi (Hagen)	33
Saoun	Dick Namioabwan Watnawimali (Rabaul)	40
Saoun	George Tambawanmeli Gugundjinmeli (Kieta)	20
Iatmul	Albert Tangundumba Gungunwulo (Korogo)	40
Kuandji	William Walemi (Madang)	27
Iatmul	Philip Waliyemben Taranmbangu (Ok Tedi)	29
Iatmul	James Kuarembenakuan Gungunwalimandje (P.M)	31
Yambat Nyaura	Kandemngawi	16
Kuandji	Patngawi (Indabu)	19
Iatmul	Pieter Nyirovue Mindjandemi (Madang)	26
Iatmul	Pieter Nyorovue Mindjandemi (Madang)	20
Iatmul	Pieter Nyorovue Mindjandemi (Madang)	20
Ndamawala-Suaru	Robert Tshambemiabwan Numutmbangue (Wewak)	20
Ndamawala-Suaru	Willi Numutmbange Tambeyumbun (Abusatngeï)	24
Ndamawala-Suaru	Mathieu Kamangali Malisuwa (instit. à Kaliru)	17
Nangusime	Mathieu Maïemdimi Sunguamalabwan (Madang)	30
Nangusime	Ngaoabwan Kurumbuiabwan (Wewak)	38
Wanguande	Philip Aveyumbun Tambemali (Abusatngeï)	23
Wanguande	Benni Kusodemi Wangawi (Abusatngeï)	18
Wanmoro, Saoun	Benedict Dangumbangue Agutmaïm (Rabaul)	43
Kwanguwala, Wanmoro	Denis Kindakuan Tavedambui (Abusatngeï)	60
Nangusime, Saoun	Mathieu Maeïmdimi Sunguamalabwan (Madang)	15
Ndamawala-Suaru	Otto Lematsewa Malisuwa	20
Saoun	Siguandjakaman Amenomali (Madang)	20
Kwanguwala-Suaru	Nambanguendimi Anglembe	25
Nangusime	Bruno Tonakuan paliwan (Abusatngeï)	20
Ndamawala-Suaru	Mathieu Wanguiwan Yambuwan (Madang)	37
Wanguande	Simanmali Kambakenmangawimali (Abusatngeï)	20
Wanguande	Tomy Monglokumban Akulikumban (Abusatngeï)	20
Wanguande	Bruno Aronsaoun Nambadarikamban	105
Wanguande	Anton Kamaïkandum Pagwiabwan (Yentchen)	20
Wanguande	Misikaoabwan Pagwiabwan (Wewak)	20
Wanguande	Joseph Warondemi Yamengenwan (Madang)	25

Jardins appartenant au village de Yentchen en amont

Nota : Toutes ces parcelles sont parallèles entre elles et séparées par un fossé bordé de chaque côté par de longs tertres (cf. fig. n° 9). Les mesures des largeurs (en mètre) ont été relevées sur le chemin situé entre le fleuve et les jardins. Elles sont calculées approximativement d'un milieu de fossé à l'autre. Les attributions n'engagent que la bonne fois de mes informateurs, il n'est pas exclu que certaines soit sujettes à contestation.

Nous pouvons constater que la majorité des bénéficiaires des parcelles ne résidaient plus sur place en 1988. En effet, sur 60 parcelles, 35 se trouvaient être la propriété d'hommes résidant en zone urbaine. Certaines parcelles étaient alors prêtées momentanément à des résidents des villages de Palimbeï ou d'Abusatngeï.

CHAPITRE VI

LA GESTION DE L'EAU EN NOUVELLE-CALÉDONIE

Enjeux de projet de société

Raphaël MAPOU

Introduction

L'eau, c'est la vie ! Mais les modalités de sa gestion sont toujours complexes et variées en fonction des réalités naturelles, humaines, sociales et économiques en présence. Nous tenterons dans cet article de cerner le contexte actuel propre à la Nouvelle-Calédonie (NC) et nous découvrirons que, dans une économie intégrée au phénomène de la mondialisation par le développement de la filière « nickel », la gestion de l'eau comme la réalisation des infrastructures est un secteur privilégié par les multinationales et cela ne se passe pas sans contraintes pour les politiques publiques menées en termes de protection de l'environnement et de développement durable.

La Nouvelle-Calédonie, archipel couvrant un territoire de 18 575 kilomètres carrés est baignée dans cet immense océan Pacifique à quelque 1 500 km à l'est de l'Australie et à 2 000 km au nord de la Nouvelle-Zélande. C'est par la mer que le peuplement de la NC s'est fait il y a quatre mille ans par les Austronésiens[1] (les ancêtres des Mélanésiens) qui ont abordé les îles Salomon, l'archipel Papouasie-Nouvelle-Guinée, le Vanuatu, Fidji et la Nouvelle-Calédonie. C'est toujours par la mer que les échanges se sont opérés d'île en île avec les pirogues. L'igname a été transporté de Tanna (province de Taféa au Vanuatu) à Nengoné (Maré-Provinces des îles Loyauté). Une migration transversale s'est opérée des îles polynésiennes situées à l'est - Wallis-Futuna, Rarontonga, Samoa, Tonga - vers l'île de Jaai (Ouvéa), les îles Loyauté et le Nord de la grande terre. La Nouvelle-Calédonie contemporaine a une histoire de cent soixante ans dominés par la France qui l'a colonisée, et la prospérité de la colonie est depuis l'origine liée à la maîtrise de l'eau. Il en était de même dans la société précoloniale où les autochtones ont développé une agriculture exceptionnelle avec des milliers d'hectares de cultures vivrières irriguées.

L'archipel calédonien possède un relief géographique multiple et varié avec une grande terre montagneuse et des îles dont certaines sont des atolls surélevés. La chaîne centrale constitue pour la grande terre une épine dorsale s'étirant du nord au sud et culminant à 1 829 mètres d'altitude. Cette situation traduit une variation extrême de la ressource en eau douce d'une région à l'autre du territoire. Le point commun reste l'abondance des pluies pendant la période humide de janvier à mai et une période sèche de septembre à décembre. Ces dernières années, les observations scientifiques ont permis de situer l'apport des courants marins sur la pluviométrie en caractérisant l'alternance des saisons El Niño et El Niña. Sur la côte ouest et en particulier au nord-ouest de la NC, abritée du vent dominant, les « alizés », la sécheresse est plus forte qu'ailleurs.

La population calédonienne se monte à 245 580 habitants[2], laquelle est répartie en 33 communes avec une forte concentration (66 %) sur l'agglomération du grand Nouméa comprenant les communes de Nouméa, Dumbéa, Mont-Dore et Païta, situées au sud-ouest de la grande terre. L'approvisionnement de la ville de Nouméa, bâtie par Tardy de Montravel[3] sur cette presqu'île aride, a depuis toujours posé problème et

[1] Institut d'archéologie de NC et du Pacifique : IANCP, www.iancp.nc.
[2] Recensement INSEE de juillet 2009.
[3] Tardy de Montravel, capitaine de vaisseau dans la marine française, fit accoster la *Constantine* dans la baie de Nou-Méa, en 1854, et décida d'y bâtir le port et la capitale.

il a fallut nécessairement organiser le transport de l'eau d'abord par caboteurs et voitures tractées, puis avec les tuyaux d'adduction.

La grande caractéristique des communes hors grand Nouméa est que ce sont des communes rurales. Leur approvisionnement en eau potable a pendant longtemps été conditionné par la possibilité d'installer des captages gravitaires sur les supports des pentes montagneuses de la chaîne centrale. Il en est de même des îles montagneuses des Belep, de l'île des Pins et de l'île Ouen. Sur les îles coralliennes de Maré, Tiga, Lifou et Ouvéa, l'approvisionnement a toujours dépendu des pluies et de grottes d'accès à la lentille d'eau ou à la nappe phréatique. Les 33 communes ont une ouverture sur la mer, sauf les deux communes de Sarraméa et de Farino. Les communes ont la responsabilité de gérer les équipements publics de proximité que sont les routes municipales, les lignes de distribution électrique et les réseaux d'adduction d'eau potable ainsi que les équipements d'assainissement des eaux usées.

L'occupation de l'espace se caractérise par les trois types de propriété couvrant l'ensemble du territoire de la NC et ses dépendances. C'est un élément important qui rajoute à la complexité de la gestion de la ressource en eau selon que celle-ci se trouve sur l'un, les deux, voire les trois types de propriété. Le domaine public et privé des collectivités publiques (Nouvelle-Calédonie essentiellement et les trois provinces pour le domaine public maritime) couvre 66 % de la surface, les terres privées sur la grande terre essentiellement 17 % et les terres coutumières 15 %. Ces diverses catégories renvoient à une organisation foncière dualiste qui distingue l'espace européen, régi par les règles du droit commun français (terrains domaniaux et terrains de propriétés privées détenus pour l'essentiel par la communauté européenne ou assimilée), et l'espace kanak, régi par un nouveau statut juridique *sui generis* - les terres coutumières - instauré par l'accord de Nouméa comprenant les surfaces des anciennes réserves délimitées par la colonisation et les terres des GDPL rétrocédées dans le cadre de la réforme foncière[1]. Les terres coutumières d'une superficie totale de 493 400 hectares appartiennent à environ 350 tribus regroupant chacune les clans d'une

[1] L'accord de Nouméa dont les orientations figurent au chapitre XIII de la Constitution française a été signé le 5 mai 1998 par l'État français, le représentant des partis loyalistes (RPCR) et le représentant des indépendantistes kanak (FLNKS).

région donnée sur un territoire délimité appelé « réserve ». Depuis la réforme foncière de 1978, lancée par l'État français, les clans spoliés par la colonisation étant en mesure de faire valoir leurs droits fonciers ancestraux ont pu et peuvent encore récupérer les terres de leurs ancêtres. Lors des attributions par l'Adraf, les propriétés acquièrent lors de leur enregistrement le statut juridique de « terres coutumières du clan ou de la tribu (ensemble de clans) ». Ce statut confère à ces terres les caractères de « terres inaliénables, incommutables, insaisissables et incessibles ». La personnalité morale et juridique est reconnue aux clans et aux chefferies, et aux groupements de droit particulier local. Les terres coutumières sont inégalement réparties sur 32 des 33 communes relevant du code des communes français. Les communes de la province des Iles Loyauté (Lifou, Maré et Ouvéa) sont implantées sur les terres coutumières des chefferies, excepté le domaine public maritime qui relève du domaine public maritime de la province, comme sur l'ensemble de la NC.

Les trois provinces ont été créées en 1988 par les accords de Matignon[1] pour permettre un partage du pouvoir et le rééquilibrage économique et social, et apporter ainsi une réponse à la révolte des nationalistes kanaks menée de 1984 à 1988. Les provinces sont des collectivités publiques de droit commun qui gèrent toutes les compétences en matière de sanitaire-social, éducation-enseignement, développement économique, aménagement-urbanisme et environnement. Le congrès de la Nouvelle-Calédonie (qui regroupe 54 membres, élus à l'échelle des trois provinces au scrutin proportionnel) est compétent pour définir par des lois du pays le cadre législatif et réglementaire dans la plupart des domaines. Comme souvent dans tout processus de décentralisation et de déconcentration des pouvoirs institutionnels à l'intérieur d'un État, l'accord de Nouméa a en NC complexifié l'exercice de toutes les compétences, et la gestion de l'eau n'y échappe pas. Ainsi le statut juridique du foncier conditionne les conditions d'accès et de gestion de la ressource en eau potable. Le gouvernement et ses services font appliquer les normes de potabilité de l'eau et surveiller la qualité des eaux usées rejetées dans la nature, encadrent et suivent les impacts de l'activité humaine, prennent les

[1] Loi 99-209 du 19 mars 1999. Site du gouvernement calédonien www.gouv.nc.

dispositions pour l'installation des périmètres de protection. Les provinces compétentes en matière environnementale, développement économique et gestion de la santé publique sont chargées de la gestion des impacts miniers et industriels, et sont responsables des curages de rivières impactés par les activités humaines, et doivent prévenir les pollutions de nappe phréatique. S'agissant des cours d'eau situés sur les terres coutumières, les autorités coutumières depuis l'accord de Nouméa en sont les dépositaires et sont seules compétentes pour y autoriser captages et travaux. En fonction des situations concrètes, une convention est souvent proposée aux autorités coutumières pour permettre à la municipalité l'accès à la ressource et à la gestion de l'eau potable sur le territoire de la tribu.

La gestion de l'« eau douce » sur l'ensemble des territoires des 350 chefferies ou des 33 communes de la NC a admis pour postulat que l'eau est un bien commun que l'on doit gérer avec parcimonie et d'une manière durable. Il reste que, dans la réalité, la réminiscence des différences de perception alimente les difficultés de gestion de l'eau courante, dans un contexte d'économie insulaire où le poids de plusieurs multinationales dans le secteur primaire a tendance à tirer les prix vers le haut au détriment des intérêts de la population. Il y a donc lieu de bien distinguer les différentes applications de la matière « eau » pour définir les bonnes mesures de gestion. Nous aborderons dans une première partie la question des visions de l'espace naturel et de l'eau en présence, dans les deuxième, troisième et quatrième parties la gestion de l'eau source de vie, bien utilitaire et moyen de production dans la société contemporaine, et enfin la qualité de l'eau comme critère déterminant d'un développement durable.

1. Quelles visions en présence de l'espace naturel et de l'eau ?

Si, dans les pays occidentaux, les mythes n'ont plus de prise sur la réalité humaine contemporaine, la situation dans les pays postcoloniaux est tout autre et renvoie pour les peuples autochtones à leur relation avec la nature. C'est tout l'intérêt de cerner quelles sont les visions de l'espace en présence pour déterminer la nature des conflits qui peuvent en découler dans son utilisation.

1.1. La vision autochtone

Comme la vision universelle, elle situe l'eau comme l'une des composantes principales de la nature, avec la terre, la végétation et l'air ou cosmos. Celles-ci sont constitutives de l'espace naturel, enveloppe charnelle dans laquelle vivent l'esprit de l'ancêtre et le clan en tant qu'entité sociale du groupe. Le mythe de l'apparition des premiers hommes est celui de Tea Kanaké[1]. Ce récit évoque le contexte de la montée à trois reprises des eaux sur la grande terre et de l'action du rayon de lune qui touche la dent de « Nabumé », l'homme premier, ainsi que l'action du rocher qui roule pour rentrer en contact de la mer, engendrant les premiers hommes. L'organisation sociale qui est le reflet de ce mythe et de la vision autochtone de l'espace naturel en a définie deux facettes pour symboliser l'homme et la femme. La première est la matière solide, en l'occurrence l'igname, le rocher, le bois, lesquels symbolisent l'homme. La deuxième symbolisant la femme est la matière liquide, l'eau et toutes ses compositions, la source, le cours d'eau, ce qui y pousse, comme le taro, la terre qui fait pousser la plante, la sève du bois. Les autochtones, dans leurs connaissances empiriques, avaient observé que la pousse des plantes et la circulation de la sève sont liées au mouvement lunaire tout comme le mouvement général des marées. Le cycle lunaire déterminait ainsi les saisons et le calendrier annuel. L'eau, enveloppe et source de vie au sens spirituel, se confond avec le sang et la terre. L'eau douce vient de la source et de la pluie. L'eau douce, comme l'eau de mer, abrite les totems des clans qui eux-mêmes se revendiquent d'être des clans de la terre, de la montagne, de la forêt,

[1] Téa Kanaké : mythe conté publiquement en 1975 au festival Mélanésia 2000 organisé par Jean-Marie Tchibaou-Kanaké, les Éditions du Pacifique, par JMT et Philippe Missotte p. 7 et suivantes.

du littoral ou de la mer. La pluie, le vent, comme le soleil, le tonnerre sont eux-mêmes des divinités rattachées à des clans. L'organisation sociale renvoie donc à la diversité naturelle et on retrouve des clans divers dans leurs origines mais complémentaires dans leurs fonctions dans la vie du groupe social. Le chef de clan et le doyen des lignées du clan détiennent la mémoire généalogique dans l'espace et dans le temps.

L'agriculture était très développée et, en NC, des milliers d'hectares étaient couverts de tarodières et de billons d'ignames, lesquels ont nécessité de vastes travaux de génie civil en matière hydraulique. Sur la grande terre de la NC, les clans occupaient environ 600 000 hectares de terres fertiles caractérisées par la présence de cours d'eau, même si la sécheresse a souvent constitué une catastrophe naturelle difficile à surmonter. L'eau est enfin un élément de culture. Les chants et comptines des kanaks reproduisent les rythmes et les sons des cours d'eau, des cascades. Les *Aé Aé*, chants et danses traditionnels sont composés en particulier à partir du bruit des cours d'eau, des chutes de cascades, des marées.

En résumé, nous proposons de retenir que l'eau pour le monde traditionnel kanak est une composante importante de la nature et que sa présence conditionne toutes les choses et tous les êtres vivants. Suivant les connaissances empiriques et la vision autochtone de l'environnement naturel, l'eau est une matière vivante au même titre que la terre et l'air. Le cycle de l'eau se produit sur un territoire donné et sa maîtrise ou sa possession passe par le contrôle du territoire où se situent la source, le cours d'eau, la nappe et le lac. Dans cette vision du cosmos et de la nature, l'eau est dans la nature en interaction et participe de l'équilibre continu, y compris avec l'homme, composant de cette nature.

1.2. La vision occidentale

Pour la vision de l'époque des grandes colonisations du XIXe siècle en NC, l'eau c'est bien sûr la vie au sens physique et matériel. Elle est la condition nécessaire d'une installation fertile sur une terre à acquérir et à posséder. La présence de l'eau garantissait la pousse des cultures et des pâturages, et la prospérité des troupeaux d'élevage. Ainsi l'appropriation privée et publique des terres occupées par les populations autochtones sous-entendait que celles-ci étaient irriguées ou irrigables et riches en alluvion. La valeur d'usage l'emportait sur toute autre considération. C'est à cette condition que la terre avait une valeur et pouvait être une force productive. Il en a résulté naturellement que l'effort de la nouvelle colonie française a été à partir de son installation en 1853 de trouver des terres irrigables pour les colons et pour toutes les activités économiques. Le cas de l'installation de Fort-de-France - nom d'origine de Nouméa - est énigmatique mais relève surtout de la nécessité d'installer un chef-lieu défendable, abrité des vents, avec un port. Sur la colonie, mis à part les terres agricoles, il fallait de l'eau pour l'alimentation des populations et pour la production d'électricité. De nombreuses propriétés et missions catholiques et protestantes furent progressivement équipées de conduites d'eau et de petites unités de production hydroélectrique.

2. La gestion de l'eau, source de vie et bien utilitaire

L'accès à l'eau douce et potable est devenu depuis l'installation des communes au début des années 1970 une priorité donnée par l'État à ces collectivités publiques de proximité sur l'ensemble du territoire de la NC. Depuis une vingtaine d'années la priorité est donnée à la qualité de l'eau potable. Plusieurs situations, en fonction de la réalité complexe précédemment décrite, cohabitent à l'échelle des 33 communes. L'on ne saurait dissocier également l'alimentation et la gestion de l'eau potable de la gestion des assainissements qui permet théoriquement de rejeter dans la nature des eaux usées traitées.

2.1. La ville de Nouméa et le grand Nouméa : des investissements coûteux

2.1.1. De gros investissements rendus possibles grâce à la défiscalisation[1]

Depuis des décennies, la ville de Nouméa a donné en concession la gestion de son réseau AEP qui comprend un réseau d'approvisionnement et un réseau de distribution ainsi que le réseau d'assainissement. La première ressource a été pendant longtemps le

[1] Loi Girardin de juillet 2003 favorisant les investissements outre-mer : www.infosimmo.com/...locatif/La-defiscalisation-en-loi-Girardin.htm.

barrage de Dumbéa qui permettait de capter au fil du cours d'eau du même nom et d'acheminer par un système de pompages l'eau vers des réservoirs surélevés où est traitée l'eau avant sa distribution. Avec l'évolution démographique à l'intérieur de la ville et l'interconnexion avec la ville de Dumbéa également en pleine explosion démographique, la ressource offerte par le barrage de retenue de la Dumbéa, et les pompages sur la basse Dumbéa, est devenue insuffisante et, pendant la période de sécheresse, la pénurie d'eau sévissait. Les étiages sévères de 1991 et 1992 ont mis en évidence cette réalité qu'a confirmée ensuite l'étude de la nappe alluviale réalisée par le BRGM (1991), laquelle a permis de montrer que cette ressource était exploitée au maximum de sa capacité d'étiage.

Il fallait par conséquent trouver une solution d'envergure intégrant l'ensemble des communes de l'agglomération du grand Nouméa, également concernée par l'explosion démographique. D'où la décision prise par lesdites communes de créer en 1998 une SIVU qui s'est vu proposer par la SADET (Société anonyme des eaux de Tontouta), filiale de Suez, la construction d'un « grand tuyau » de 46 kilomètres, visant à acheminer l'eau de la rivière Tontouta jusqu'aux communes de l'agglomération. L'opération fut menée à son terme pour un montant de 8 milliards XPF (67,2 millions d'euros). L'approvisionnement en eau potable de la ville-capitale du pays est censé être réglé pour le siècle.

2.1.2. De gros investissements révélateurs des limites de la défiscalisation

La chambre territoriale des comptes (la petite sœur de la Chambre nationale française des comptes) a récemment[1] publié son rapport relatif au contrôle de la gestion de la commune de Nouméa et de l'opération du « grand tuyau ». Son rapport est sans concession et porte sur l'absence de mise en concurrence et de cahier des charges, sur le coût de l'investissement et son amortissement, sur le coût et la tarification pour les usagers. Le rapport révèle que la seule offre préconisant le choix du « grand tuyau », émanait de l'entreprise se proposant de la construire et que très peu d'éléments étaient fournis sur les coûts d'exploitation très élevés du grand tuyau. Le projet Suez aurait été ainsi « avalisé sans

[1] Rapport de la Chambre territoriale des comptes de juillet 2008.

cahier des charges préalable, sans publicité ni mise en concurrence ». La chambre déplore que « le SIVU se soit engagé dans le projet de délégation en fonction d'informations erronées ou inexactes qu'il n'a pas souhaité vérifier ». La concession de « cinquante ans » est également jugée « excessivement longue ». Arguant d'un « déficit structurel », Suez a de surcroît obtenu en 2005 une révision du contrat consistant « à faire financer le déficit d'exploitation par les usagers », en leur faisant payer ses « prévisions de ventes d'eau » et non l'eau effectivement consommée. Par ailleurs, ce dispositif « a totalement détaché la rémunération du concessionnaire de l'exploitation, puisque la somme à lui verser est fixée irrévocablement en début d'année ». S'il perdure, souligne la chambre, le prix total du grand tuyau sera compris entre « 90 et 170 milliards CFP » (756 millions et 1,4 milliard d'euros).

Il faut souligner que le bouclage financier du dossier est caractéristique du côté pervers du régime de la double défiscalisation française et calédonienne, dont la finalité est en principe de favoriser l'emploi et le développement des économies insulaires. En effet, la double défiscalisation est toujours présentée par les quelques grosses multinationales françaises, qui se considèrent ici dans leur jardin privée, comme la solution idéale pour les communes et les collectivités publiques. En effet, elle permet aux collectivités d'avoir immédiatement la garantie d'avoir un financement à hauteur d'environ 70 % de l'investissement sans être tributaires de subventions toujours aléatoires. La technique est relativement simple pour les grands groupes puisqu'ils sont aux deux bouts de la chaîne *via* leurs filiales. Au niveau du financement, en étant le noyau dur du groupe d'investisseurs en France (fiscalité nationale), et en NC, avec les filiales calédoniennes (fiscalité locale). En sachant que la double défiscalisation est financée sur les impôts dus et que les opérations sont en général couvertes à 70 % du montant de l'investissement éligible, on comprend aisément l'intérêt de faire monter les projets par des sociétés filiales. Dans ces conditions, la solution de facilité, pour les collectivités, est de s'inscrire dans ce type d'opérations qui présentent des garanties quant à leur réalisation.

Au final, c'est quand même les finances de la collectivité, que ce soit à l'échelon national ou local, qui demeurent les grands perdants de ce type d'opération, et sur le plan opérationnel on relève des inconvénients majeurs : le manque de contrôle des études et les règles de mise en concurrence détournées, des coûts d'investissements élevés, des risques importants sur les choix techniques opérés et sur le contrôle des coûts, l'assurance d'un renchérissement des coûts de fonctionnement dès lors que la collectivité a perdu la maîtrise technique des opérations.

2.1.3. Des investissements qui tirent les tarifs de consommation vers le haut

Aux dérives de l'opération menée en défiscalisation s'ajoute la montée en puissance de la problématique de l'assainissement et du traitement des eaux usées. Techniquement, l'estimation du volume d'eaux usées à traiter avant rejet dans le milieu naturel ne peut se faire que par le biais de la quantité d'eaux potables consommées. La présentation des factures d'eau délivrées sur les communes de l'agglomération du grand Nouméa intègre d'une part le volume d'eau potable consommé et relevé sur le compteur d'eau, et d'autre part le même volume d'eau transformé en eaux usées théoriquement traitées dans le réseau d'assainissement, et enfin le surprix communal pour financement des investissements et de l'aqueduc (grand tuyau). Le coût de la facture d'eau se décompose ainsi en fourniture d'eau courante pour 22 %, en assainissement pour 48 %, et en financement des investissements et surcoût pour 30 %. Le prix au mètre cube d'eau distribué est en moyenne de 202,932 F XPF (1,71 euro) par mètre cube en 2012. Dans une situation où ont été très peu développées les unités de traitement des eaux usées puisque les équipements actuels de la ville de Nouméa ne font face qu'à un pourcentage minime des besoins, l'anomalie avérée de l'absence d'une couverture généralisée des unités de traitement des eaux usées qui a tendance à perdurer, soulève la question de la pertinence du paiement d'une taxe d'assainissement par des abonnés ne disposant que d'un seul tuyau d'évacuation dans la mer ou dans la mangrove ou ne disposant pas du tout d'assainissement. En outre, les habitations des 5 300 personnes vivant dans les « squats » de Nouméa, Dumbéa et Mont-Dore (recensement de 2009) ne bénéficient pas de réseau d'assainissement. Elles sont toutes assujetties au paiement du même type de facture.

Le combat des populations vivant dans les « squats » pour avoir accès à l'eau courante est plein d'enseignements. Ce phénomène, apparu depuis une vingtaine d'années, concerne essentiellement des populations kanaks et océaniennes (Polynésiens, Vanuatais), lesquelles ont retenu cette solution de logement devant la pénurie de logements à bon marché, d'autant que cette solution leur permet un mode de vie et une qualité de vie à l'océanienne, sans cage d'escalier et sans béton. Le budget du ménage d'un squatteur (4 à 6 personnes) est simple à établir en le rapportant au SMIC, lequel a heureusement évolué ces dernières années pour atteindre les 120 000 F XPF (1 000 euros) par mois. Le « squateur » a choisi de faire l'impasse sur le confort d'un appartement électrifié qu'il aurait dû payer entre 40 % et 60 % de son salaire. Le combat des squatteurs pour avoir accès à l'eau courante date des années 1992 et a été mené par des collectifs composés des familles d'un même secteur. Les plus grands regroupements sont situés dans la ville de Nouméa, avec les squats de Nouville, ou sur Dumbéa, avec les squats de Koutio et de Caillou bleu. Une coordination de ces comités était chargée de négocier avec les autorités communales qui ont fini pour des raisons de salubrité publique par donner un accès collectif à l'eau potable, le comité étant chargé de gérer un compteur commun et de faire en sorte que, moyennant le paiement par chaque ménage de sa consommation, soit payée la facture collective dressée par le gestionnaire de l'eau. La situation est inédite car, sans avoir aucun titre de propriété et donc aucun abonnement officiel, les familles ont pu accéder à l'eau courante.

Pour ce qui est de l'accès à la mer, Nouméa étant une presqu'île, il est rendu difficile du fait de la pollution générée par le déversement d'eaux usées non ou insuffisamment traitées. Il est courant que la commune de Nouméa soit amenée à interdire sur des périodes plus ou moins longues la baignade, ce qui représente un inconvénient majeur pour des populations habituées à la mer.

2.1.4. Des investissements surdimensionnés au détriment de l'assainissement des eaux usées

La Chambre territoriale des comptes, lors du contrôle rendu et cité précédemment, a estimé que le projet du « grand tuyau » de la Tontouta a été surdimensionné de plus de 50 % et que le surcoût de cette surévaluation ne devait pas être payé par les consommateurs. De plus, comme cela a été précédemment présenté, la part dans les factures d'eau aux abonnés, de l'assainissement réalisé ou à réaliser est de 48 % et enfin la part de l'investissement AEP de 30 %. On peut en déduire que l'abonné doit faire face à un triple mécanisme qui ne favorise pas ses intérêts d'abonné/consommateur. D'une part, le prix de l'eau est excessivement cher, ensuite, il doit payer le prix d'un assainissement souvent fictif depuis des années et, enfin, en tant que citoyen il subit une dégradation continue de son cadre naturel de vie. La collectivité dans ces conditions s'enferme dans un cycle de paupérisation où elle est sous des contraintes économiques et techniques imposées par son concessionnaire dont les marges bénéficiaires sont loin d'être contrôlées ou encadrées. D'où la recommandation fortement appuyée de la Chambre territoriale des comptes d'une gestion en « régie communale » de ces services. Le cycle d'une paupérisation se situe également dans le fait que la collectivité est condamnée à raisonner avec des multinationales intéressées par des « coups ponctuels », au détriment d'une politique durable qui prendrait également en compte les besoins en assainissement. Il est certain que des choix urgents devront être faits par les collectivités du grand Nouméa : s'installer dans le confort de la gestion d'un concessionnaire qui entend maintenir coûte que coûte des marges *a priori* très élevées de rentabilité, entrer dans une logique de mise en concurrence des entreprises en fixant des seuils de rentabilité compatibles avec la mission de service public ou enfin trouver d'autres modes de gestion au prix coûtant, comme la gestion en régie. L'analyse des coûts opérée par la Chambre territoriale des comptes laisse à penser que, pour le même niveau de tarification imposé actuellement et comprenant un amortissement du coût de la construction du grand tuyau à hauteur de 10 à 20 fois son coût d'origine, la commune de Nouméa serait en mesure de financer totalement son réseau d'assainissement des eaux usées.

2.2. Les communes îliennes et rurales

Ce sont deux types de territoires totalement différents.

2.2.1. La commune d'Ouvéa

La commune d'Ouvéa appelé *Iaaï* par les Kanaks peuplant cette île corallienne - l'une des quatre composantes de la province des îles Loyauté - possède une infime lame d'eau souterraine inexploitable pour un approvisionnement continu de la population en eau potable. Depuis des lustres, la solution est la gestion des puits puisant l'eau dans la

« lentille d'eau » ainsi que de l'eau des pluies captée dans des réservoirs en chaux puis en béton construits à cet effet. Depuis l'apparition des couvertures en tôle, cette solution a été étendue et permettait aux familles de gérer en auto-suffisance leurs besoins en eau potable. Il y a dix ans, la commune d'Ouvéa - 3 392 habitants au recensement INSEE de 2009 - prenant en compte les nouvelles exigences de confort des nouvelles générations, a décidé de se doter d'une usine de dessalement de l'eau de mer et, depuis, un camion-citerne livre les particuliers moyennant la facturation au mètre cube de l'eau livrée. À quand la mise en place de réseau d'AEP du nord au sud de l'île ? Le mètre cube d'eau est facturé à environ 480 F XPF (4 euros) à l'abonné d'Ouvéa et est sans aucun doute le plus cher de Nouvelle-Calédonie.

Lifou, Maré et Tiga sont les 3 autres îles de la province des îles Loyautés. L'expérience de la commune de Lifou, 8 627 résidants en permanence selon le recensement de 2009, est intéressante car la gestion de sa nappe phréatique pour répondre aux besoins en alimentation d'eau potable de la population a fait l'objet d'une approche scientifique innovante. En effet le programme SAGE a consisté à engager une étude s'appuyant sur la télédétection satellitaire pour encadrer une étude d'évaluation de la ressource de la nappe d'eau souterraine présente sous la croûte corallienne de surface. Le programme a duré tout le temps nécessaire à une modélisation du tirage des quantités nécessaires et permet aujourd'hui à la commune de gérer ses pompes de puisage en respectant les seuils critiques permettant la reconstitution naturelle de ladite nappe phréatique. Aujourd'hui 44 stations de pompage branchées sur le réseau électrique ou alimentées d'une manière autonome alimentent les châteaux d'eau surélevés de distribution dans l'île. Le budget primitif 2013 (selon les Nouvelles Calédoniennes du 1er février 2013) prévoit de consacrer au réseau d'alimentation en eau potable 150 millions F XPF (1,25 million d'euros), dont deux tiers aux frais de maintenance et de fonctionnement des équipements. Au regard d'une consommation moyenne par habitant de 200 l/j, la production/ consommation annuelle d'eau peut être estimée dans une fourchette de 600 000 à 750 000 mètres cube/an . Cela représente un coût de fonctionnement du mètre cube distribué que l'on peut évaluer dans une fourchette de 200 à 260 F XPF le mètre cube d'eau potable. Bien que la gestion du programme SAGE se soit développée sur Drehu sur un mode participatif avec les autorités coutumières autochtones, on relèvera que la facturation d'eau n'est pas encore effective, à la différence de ce qui peut être constaté avec les abonnés d'Iaï-Ouvéa.

2.2.2. La communauté de Yaté

À l'extrême sud, côté est de la Nouvelle-Calédonie, se trouve la commune de Yaté, la plus grande en superficie avec celle de Lifou et dont la population s'étire sur 50 kilomètres le long de la côte. Les besoins collectifs en eau potable apparaissent au moment des regroupements de populations en tribu en particulier à partir des années 1920, où cessent les révoltes des kanaks, alors que prospère le travail d'évangélisation et d'instruction mené par les missionnaires dans les missions nouvellement installées. À Unia, les sources d'eau situées sur les flancs des montagnes et en pied de mont étaient destinées à l'approvisionnement en eau potable, et l'eau de la rivière et des creeks servait pour se baigner et pour laver le linge. La nouvelle tribu a été dessinée et dressée par les géomètres avec des rues au début des années 1960 et la première conduite d'amenée d'eau potable date de cette époque. La municipalité de Yaté a pris ensuite les choses en main en construisant une nouvelle conduite, un nouveau réservoir de 200 mètres cubes et un captage qui ont été inaugurés en 1981. Depuis, d'autres captages gravitaires et d'autres pompages ont été installés pour subvenir aux nouvelles installations de populations vers le sud. S'agissant de la potabilité de l'eau, le traitement s'impose. Des stations de chloration fonctionnent et permettent de livrer une eau répondant aux critères de potabilité.

Sur l'ensemble de la commune de Yaté - commune minière par excellence - où les tribus sont situées sur le littoral au pied d'anciennes mines de nickel exploitées dans les années 1950, 1960 et 1970 à une époque où la réglementation antipollution était encore inconnue, le problème handicapant est la pollution en gravas/fines continue des rivières venant des glissements de terrain, des décharges minières et des anciennes routes de mines ou de prospections situées en amont sur les montagnes. D'où la nécessité d'installer des stations de pompage et, là où il existe encore des captages gravitaires, des « turbidimètres » ou dispositifs antifines et particules-matières. La solution du pompage idéale, car l'eau n'est pas polluée par les particules, coûte beaucoup plus cher en fonctionnement et en maintenance. Une autre difficulté est l'étalement des populations qui augmente la longueur des réseaux et le coût d'entretien. Enfin, le paiement des factures rencontre des difficultés. L'eau en abondance naturelle n'est pas perçue comme une dépense prioritaire et utile, et quand l'abonné est obligé de faire des choix, d'autres opérations sont souvent perçues comme prioritaires.

Dans la configuration de la commune de Yaté, le budget moyen de production d'eau potable peut être estimé dans une fourchette de 20 à 50 millions F XPF par an selon que l'on prenne en compte ou non les amortissements. Pour un besoin estimé à 250 l/jour soit pour 2 000 habitants 180 000 mètres cube/an, le prix du mètre cube d'eau potable livrée au robinet se situe dans une fourchette de 100 à 200 F XPF (0,9 à 1,9 euro).

2.2.3. Les communes rurales de l'intérieur

Dans toutes les communes rurales de la côte est, de la côte ouest, l'île des Pins et l'île de Belep, on trouve la même configuration. Une tendance forte se dessine pour une exploitation accrue des nappes phréatiques au moyen de pompage électrique, ce qui tend à une technicité toujours plus grande, à des coûts plus importants, et la conséquence sociétale est une distanciation toujours plus forte de l'abonné par rapport à l'eau naturelle des creeks, ce qui favorise toujours plus l'emprise de l'esprit consumériste. La tendance est irréversible et les communes ont le choix entre une gestion en régie et une mise en concession des réseaux. On retrouve les mêmes paramètres que dans le cas de la grande ville de Nouméa. Dans la formule de la gestion en régie, le gros problème à résoudre est de doter le service des eaux des compétences techniques appropriées au niveau de la gestion des réseaux, des pompes et des systèmes de traitement, tout cela pour fournir une prestation de qualité. La formule « mise en concession » de la gestion du réseau communal mise en œuvre par un certain nombre de communes continue à faire « peur » du fait des coûts élevés des prestations que la population refuse en général de voir traduites en factures d'eau. Les habitudes évoluent et l'eau bien naturelle par définition est de plus en plus perçue comme une marchandise courante qui a un coût d'achat.

3. L'eau, marchandise courante et moyen de production

3.1. L'eau, marchandise et bien de consommation courante

L'eau potable venant des conduites d'eau s'est imposée du fait des nouvelles habitudes de confort et d'hygiène, et parce qu'elle est perçue comme une composante de santé publique.

3.1.1. La prise en compte des questions de confort et de santé publique

Le mode de consommation des produits manufacturés s'est fortement développé ces vingt dernières années, accompagnant un taux de croissance élevé qui ne s'est pas démenti depuis la signature de l'accord de paix de 1988, appelé « accords de Matignon et d'Oudinot ». La consommation de l'eau courante et de l'eau livrée en bouteilles a suivi la même courbe, et l'on peut en résumé affirmer qu'une nouvelle approche de l'eau potable est apparue. En effet, on a pour point de départ une situation où l'eau n'était pas perçue comme un bien de consommation et un produit manufacturé, étant entendu que l'eau est avant tout pour les populations kanaks et océaniennes une composante importante de la nature et un bien commun qui ne peut être approprié individuellement. Chacun pouvait avoir accès aux creeks et aux rivières. Il était incongru d'acheter au magasin des bouteilles d'eau pour « boire » et la potabilité de l'eau de source ou de l'eau venant des canalisations ne se posait pas car il suffisait que l'eau soit claire et limpide pour qu'elle soit considérée comme potable. Acheter l'eau en bouteilles ou en provenance des canalisations n'avait donc aucun sens car celle-ci n'était pas considérée comme une vraie marchandise. Ainsi, l'eau, bien naturel disponible, patrimoine de tous transmis par les ancêtres et par dame-nature, va petit à petit changer de nature, en tout cas dans la perception collective des populations.

La montée des questions environnementales et de santé publique a finalement conduit à une prise de conscience au niveau des institutions et des populations, se traduisant par l'introduction de normes de potabilité de l'eau et par un effort accru de l'État pour aider les communes dans le financement des réseaux d'AEP. Dans le contrat de développement 2006-2010, l'aide de l'État se chiffre à 2,134 milliards F

XPF (20 millions d'euros). L'équipement des communes en réseau d'AEP couvre aujourd'hui l'ensemble des besoins des populations rurales, des tribus, des villages et des villes. La potabilité de l'eau est suivie et encadrée par des normes sanitaires.

3.1.2. L'industrie locale de mise en bouteilles

L'eau s'affirme comme marchandise et c'est ce qu'atteste la réussite de l'usine de mise en bouteilles de l'eau de source du Mont-Dore située dans le Sud, dans la commune du Mont-Dore. La compagnie SIEM-Eaux déclare avoir mis en bouteilles 13 millions de litres en 2005. Cela représente une consommation de 5 litres par habitant et par mois ou 60 litres par an. Créée en 1987, l'affaire connaît une prospérité qui se lit aujourd'hui sur le chiffre du prix du litre dans le commerce, qui se situe au même niveau que le litre d'essence et à un niveau supérieur au litre d'eau de marques prestigieuses importées de France et d'Europe. C'est à l'évidence le résultat d'un déficit de l'offre par rapport à la demande, laquelle démontre s'il en était encore besoin que l'eau potable est bien devenue une marchandise et un bien de consommation courante. Ce déficit entre l'offre et la demande a ouvert la possibilité de l'installation d'une nouvelle usine de mise en bouteilles de l'eau de source dans la commune de Poya, dans la province nord de la NC.

3.2. L'hydroélectricité

C'est la première forme d'utilisation de l'eau comme moyen de production pour la production d'électricité. Le relief montagneux de la grande terre avec sa chaîne centrale a permis l'installation par les missionnaires et les premiers colons de microcentrales avec turbine et dynamo. La production d'énergie sera pendant longtemps d'origine naturelle, avec l'eau et le charbon de bois. Les premières unités de production de bois et de nickel ont été alimentées par l'hydroélectricité.

3.2.1. Le barrage de Yaté

La construction d'une usine de fonderie de nickel à Yaté est lancée en 1921 et alimentée par un barrage sur la Yaté. Cette usine a précédé celle de Doniambo qui sera construite beaucoup plus tard. À partir de 1958, cette usine située à Nouméa sera alimentée par un barrage plus important construit sur l'ancien barrage et culminant à l'altitude de 160 mètres au-dessus du niveau de la mer. L'installation d'un barrage, comme partout dans le monde, modifie inexorablement la nature et le comportement des populations. À cette époque, il n'existait pas d'études d'impacts. Or dans les années 1945-1950, au sortir de la Seconde Guerre mondiale, la population kanak accédait à peine à la liberté de circuler, avec la fin du régime de l'indigénat. Les autochtones ont été mobilisés sur l'immense chantier (4 000 travailleurs dont un nombre important venus de Wallis-et-Futuna et Tahiti) et le patrimoine historique et naturel de la plaine des lacs a été couvert par 44 kilomètres carrés d'eau. Comme le démontre aujourd'hui l'exploitation minière située au sud de ce vaste plateau, l'ensemble de la plaine des lacs est essentiellement constituée de sols karstique et constitue donc un réservoir d'eau exceptionnel. Les anciens ne s'y sont pas trompés et ils ont transmis à leurs descendants le mythe du tunnel qui relie la plaine des lacs, le lac en 8 et le cap N'Dua. L'origine du mythe n'est pas contée, seulement ses effets : « Les restes des pirogues qui se fracassent ou sombrent dans le canal de l'Havana sont retrouvés trois jours après au lac en 8 ou au lac *pè me non.* » Autre patrimoine historique, les chemins qui traversaient de part en part ce vaste plateau. Du côté d'Unia, on dit que les ancêtres du grand chef Djawari partaient le matin de « Quatéa », l'une de leurs habitations, pour aller pêcher l'anguille au lac du plateau portant leur toponyme. Le barrage hydroélectrique de Yaté est un investissement majeur sur le plan économique et constitue une énergie propre. Son antériorité, puisqu'il a été mis en service en 1958, aurait dû permettre l'émergence et le financement d'une politique de développement des énergies renouvelables. Cela n'a pas été possible du fait que les gains obtenus ont été captés par l'usine de nickel de Nouméa, ce qui renvoie encore une fois au modèle de développement auquel est soumis le pays. Par rapport aux populations locales et à la municipalité de Yaté, la demande est faite d'une étude approfondie, après cinquante ans d'existence, sur les impacts environnementaux et pour les populations de la présence de ce complexe artificiel.

3.2.2. Les autres réalisations et projets d'envergure

Un deuxième grand barrage a été construit dans les années 1980 dans la commune de Houaïlou et plus précisément dans la vallée de la Néaoua. Là encore, les études réalisées sont surtout des études de faisabilité économique, et aucune recherche sur les impacts socioculturels du projet n'a été mené, pas plus que le principe du « consentement préalable et éclairé » des clans et chefferies impactés n'a fait l'objet d'une consultation dans les règles. Un autre barrage a été étudié et construit pendant l'année 1990 sur la Thu, toujours dans la commune de Houaïlou, bénéficiant, pour sa part, de l'élan en investissement public généré par la signature des accords de Matignon et Oudinot et la mise en place du nouveau statut de provincialisation. Au nord-est de la grande terre, sur la Hienghène et ses affluents, des études ont depuis fort longtemps été menées. À la fin des années 1990, les deux maires (les maires des communes de Pouébo et de Hienghène) concernés par l'emprise des rivières ont pris les choses en main et lancé des consultations de maîtrise d'œuvre et de maîtrise d'ouvrage pour déterminer le meilleur projet viable économiquement et sur le plan environnemental. Leur choix fait, ils se sont heurtés au pouvoir du lobby des « énergies fossiles », lequel refuse de s'inscrire dans une nouvelle approche énergétique, considérant que les énergies renouvelables ne sont pas fiables sur le plan de la sécurité énergétique et sur le plan économique.

Sur l'ensemble de la Nouvelle-Calédonie, une dizaine de microcentrales hydroélectriques fonctionnent aujourd'hui et sont maillées aux réseaux communaux, appartenant aux communes et données en concessions aux deux sociétés agréées : l'Enercal (entreprise à capitaux majoritairement publics) et l'EEC (société à capitaux privés, filiale du groupe Lyonnaise- Suez).

4. La bonne gestion de l'eau, élément incontournable du respect de l'environnement et du développement durable

En tant qu'élément constitutif de la matière et de la vie, la bonne gestion de l'eau douce, des cours d'eau et de la ressource est déterminante en ce début du XXIe siècle.

4.1. Progrès scientifique et principe de précaution

Que ce soit sous forme liquide ou solide, la qualité de l'eau en général détermine la qualité des milieux dans le contexte des écorégions et au niveau mondial. Les pluies faisant les ruisseaux et les nappes, ceux-ci faisant les rivières, les rivières/les fleuves faisant les deltas puis les mers et les océans, il est clair que la bonne gestion de l'eau est primordiale dans la préservation d'un écosystème dans un contexte donné, lequel interagira sur une région plus large et ainsi de suite jusqu'au globe terrestre.

L'eau est une matière vivante mais en plus d'être un réceptacle naturel immense (les océans, les masses polaires) et trop souvent considéré à tort comme « infini », elle garde la mémoire de l'activité naturelle et humaine. Elle a été indispensable à l'apparition de la vie. Comme l'a démontré le professeur Vinh Luu, l'eau transporte des informations et possède une mémoire. Ainsi : « La mémoire de l'eau désigne sa capacité à recevoir, conserver et transmettre une information, par voie électromagnétique (...) sa faculté de stocker des informations ou de l'énergie et de les restituer à la demande. » L'équipe du professeur Montagnier (prix Nobel de médecine 2008) confirme, en indiquant que l'information d'une molécule d'ADN peut être transmise dans l'eau par voie électromagnétique. « Les faits sont là, déclare Montagnier. Quelle que soit leur interprétation physique, on peut transmettre une information moléculaire (une séquence d'ADN de 100 à 400 paires de bases) par des ondes électromagnétiques de basse fréquence à travers des dilutions d'eau[1] ».

[1] Extrait d'un article d'Alexandre Rougé, paru dans le magazine *Nexus* n° 81, juillet-août 2012.

Les découvertes scientifiques, en repoussant à chaque occasion les limites de la connaissance, du visible et de l'invisible, corroborent *a contrario*, la vision autochtone fondée sur un respect de la nature et marquent la pertinence du principe de gouvernance que les autochtones s'imposent dans la « recherche permanente d'équilibre » entre l'homme et son milieu naturel. Le principe de « précaution » inscrit dans la Constitution française fait écho à cette approche saluée en 1992 lors de l'adoption de la convention sur la biodiversité[1].

La prise de conscience universelle avance aujourd'hui au même rythme que la science, mais les politiques publiques évoluent d'une manière excessivement lente. Elle a permis d'édicter des règles et des normes pour faire en sorte que l'eau utilisée dans l'activité humaine, quels que soient les types d'activités, soit traitée avant son rejet dans la nature.

Dans des domaines particuliers, l'on se rend compte que les impacts sont presque irréversibles. C'est le cas des contaminations d'origine nucléaire ainsi que de l'agriculture. La France et bon nombres de pays à haute intensité de production agricole, après avoir été trop longtemps laxistes, constatent aujourd'hui que la pollution de la nappe phréatique au nitrate, issue des engrais chimiques, est générale et va être difficile à gérer. En dehors de ces impacts directs, l'eau est un réceptacle et un moyen de transport des pollutions humaines. Nous citerons le phénomène de l'acidification des mers et océans provenant de la pollution atmosphérique en CO_2 et NOx qui participe au réchauffement climatique. Comment faire appliquer le principe de précaution sur des politiques publiques nécessairement mondiales ? Comment tout simplement promouvoir le principe autochtone d'équilibre et de réalité qui impose que toute pression exercée sur l'environnement trouve obligatoirement une compensation de quelque ordre que ce soit pour que soient maintenus les équilibres ? Comment, enfin, rendre effective la compensation carbone ?

---

[1] CDB : convention sur la diversité biologique adoptée au sommet de Rio en 1992.

4.2. Une prise de conscience politique en Nouvelle-Calédonie

Suivant l'évolution de la prise de conscience mondiale autour des questions environnementales et du réchauffement climatique, tous les décideurs institutionnels calédoniens invoquent et revendiquent le développement durable pour promouvoir leurs actions. Simples déclarations ou volonté de promouvoir de réelles politiques publiques ? Comme le montrent les discours prononcés en 2008 aux assises de l'eau organisées par le Conseil économique et social (CES), il peut être constaté que les déclarations faites dans le contexte calédonien intègrent bien la dimension globale des problèmes environnementaux. En ouverture des assises de l'eau de 2008, Alain Lamarque, président du Conseil économique et social, déclarait : « L'eau c'est la vie, il n'y a pas de vie sans eau. Le monde manque d'eau, une large partie de l'humanité n'a pas un accès suffisant à une eau potable et manque de cette ressource pour développer une agriculture vivrière. Le XXIe siècle pourrait bien être le siècle de la pénurie d'eau pour une humanité toujours plus nombreuse et de plus en plus consommatrice (…). L'urbanisation galopante, la déforestation, les besoins industriels, agricoles et domestiques conduisent à des pénuries qui vont s'amplifier et conduire à des situations dramatiques s'il n'y a pas de prise de conscience du phénomène et que soient mises en place des actions visant à une gestion raisonnable de la ressource. La Nouvelle-Calédonie est bien pourvue en ressources grâce à son relief mais n'est pas pour autant dispensée de gérer son eau. Sur l'ensemble de la Nouvelle-Calédonie la situation est fort diverse, si certains villages sont bien approvisionnés, il reste beaucoup à faire pour un grand nombre de localités, pour que chaque habitant dispose d'une eau en quantité suffisante et répondant aux critères de potabilité. Pour leur développement, l'agriculture et l'industrie ont également besoin d'une ressource en eau garantie. La Nouvelle-Calédonie doit également se préoccuper de l'assainissement et du traitement des eaux usées. Ce respect de l'environnement est dicté par le souci de préserver nos rivières et nos lagons et évidemment par la protection de la santé publique ». Harold Martin, président du gouvernement de NC toujours en ouverture de ces mêmes « assises sur l'eau », déclarait : « Nous devons d'ailleurs constater qu'à l'heure où les consciences s'éveillent sur les risques environnementaux qui menacent l'humanité, notamment les émissions de gaz à effet de serre, peu de progrès sont enregistrés sur cette question de l'accès à l'eau : en 2008, c'est ainsi le tiers de la population mondiale, près de 2 milliards et demi d'individus, qui continue de vivre sans disposer d'une eau de qualité ni d'équipements sanitaires de base, et chaque jour 25 000 personnes en meurent, essentiellement des enfants (...). Or l'eau est rare - 2 % de l'ensemble des milieux terrestres - et inégalement présente sur la planète. Pour fournir une eau de bonne qualité, potable, il faut donc en payer le prix, ce qui confère à cette ressource son caractère éminemment stratégique. La Nouvelle-Calédonie n'est pas hors du monde, à l'écart de cette logique. Elle appartient géographiquement au Pacifique Sud où de nombreux petits États insulaires connaissent de graves difficultés d'approvisionnement en eau (...). Et même si les spécialistes s'accordent à reconnaître que notre ressource en eau est globalement satisfaisante, nous savons bien que certaines parties du territoire, sur la grande terre et aux îles Loyauté, notamment Ouvéa, sont moins dotées. Tout comme les niveaux d'équipements pour la distribution sont inégaux. Nous savons de la même façon que le fort développement économique de la Calédonie, des secteurs minier et métallurgique, notamment, aussi l'agriculture ou encore nos usages privés, sont fortement consommateurs de cette ressource précieuse qu'il est impératif de protéger et de gérer désormais de la façon la plus rigoureuse qui soit. Nous avons ainsi l'obligation, pour préserver ce capital pour les générations à venir, de nous inscrire pleinement dans cette problématique, d'autant que la NC présente, dans ce domaine comme dans de nombreux autres, la particularité de compétences croisées entre ses niveaux institutionnels (territoire, provinces, communes). Yves Dassonville, haut commissaire et représentant de la République française en NC, a rappelé à l'occasion des mêmes assises que la prise de conscience à l'échelle de l'ONU était effective depuis 1992 et qu'une journée du mois de mars était déclarée journée mondiale de l'eau ; que, dans le cadre national, le Grenelle de l'environnement dispose à l'article 46 « que l'objectif est d'assurer un bon état de l'eau, d'assurer la bonne sécurité d'approvisionnement en eau potable et l'assainissement d'ici 2015 » ; que, dans le contrat de plan 2006-2010, des moyens importants sont consacrés par l'État français : plus de 2,1 milliards de F XPF (21 millions d'euros) pour les conduites d'AEP et 1 milliard de F XPF (10 millions d'euros) pour les opérations d'assainissement. Sur la période 2000 à 2008, ce sont quelque 8 milliards de F XPF (80 millions d'euros) qui ont été versés par l'État.

Les déclarations traduisent cette prise de conscience qui va hélas s'exprimer dans des limites trop restrictives, imposées par le modèle de développement économique dominant.

4.3. Le principe de réalité avec la mise en œuvre de nouveaux enjeux industriels

Vingt ans après la signature du premier accord politique et dix ans après le deuxième, nous pouvons relever que en matière économique, l'industrie du nickel a servi de locomotive puisque deux usines de classe mondiale ont été construites entre 2002 et 2012. La production de minerai de nickel a été multipliée par trois et l'exportation de métal fondu doit également être multipliée par trois en 2014 avec l'entrée en pleine production des deux nouvelles usines s'ajoutant à celle existante appartenant à la SLN[1]. On peut constater ici que le pouvoir des multinationales est omniprésent et s'exprime au moyen d'une expertise approfondie des enjeux socioculturels et économiques inhérents à tout pays et en particulier aux pays en voie de développement comme la NC. Le management mené par des compagnies différentes, respectivement sur l'usine du Sud et sur l'usine du Nord, fait la démonstration d'une capacité à s'adapter aux conditions locales et localisées tout en s'assurant de tirer les conditions optimales d'exploitation. L'usine du Sud a réussi à retisser des liens avec les populations locales et les autorités coutumières du Sud grâce à la signature d'un pacte de développement durable. L'usine du Nord a permis à la multinationale engagée de faire la démonstration qu'elle était en mesure de relever les défis posés au niveau environnemental et au niveau capitalistique avec le partage des capitaux et des profits.

Leurs relations avec les gouvernants sont surtout marquées par cette capacité à se faire comprendre et à positionner leurs intérêts. Il était prévu par la loi organique l'adoption avant 2004 d'un schéma minier à vingt-cinq ans sur l'exploitation des ressources minérales. Cette mesure n'a finalement été votée qu'en 2008 après que le positionnement des différents acteurs miniers a été consolidé. Il en a été de même du

---

[1] Trois multinationales du nickel sont présents en NC. Eramet (française) avec sa filiale SLN et son usine de Nouméa, l'usine du Sud avec Vale (Brésil) et sa filiale Vale NC, l'usine du Nord (KNS) filiale de Xstrata.

nouveau code minier qui régit toutes les activités minières et des carrières.

Si l'exploitation du nickel et des ressources minières reste l'axe majeur du développement économique structurant de la NC, il nous faut insister sur les effets conjugués avec les autres secteurs de l'économie, dont en particulier la gestion de la production d'eau potable, de sa distribution ainsi que de l'assainissement. Là aussi, nous avons pu constater qu'il y a des stratégies développées par les compagnies multinationales spécialisées dans les services pour se développer en arrière-plan d'un développement fondé sur l'exploitation du fort potentiel minier d'un pays. Ainsi, les multinationales françaises utilisent la NC comme pont stratégique pour la conquête d'autres marchés importants dans la zone Pacifique et Sud asiatique.

4.4. Une ambition de développement durable et des politiques publiques aux moyens limités

Le train du développement durable est tiré publiquement en NC par une locomotive intitulée « inscription du site naturel des lagons et récifs au patrimoine de l'UNESCO ». Ce label a été pris très au sérieux par les pouvoirs publics à partir de 2006-2007 au moment où montaient en puissance à l'échelle nationale et internationale les critiques sur les pollutions avérées et les risques environnementaux de la construction de l'usine du Sud, critiques formulées en particulier par les populations autochtones du Sud et les associations environnementalistes.

Ce dossier a été introduit par une association environnementaliste « Corail vivant », puis soutenu et relayé au niveau institutionnel par le Sénat coutumier de la NC[1]. L'inscription au patrimoine mondial du bien calédonien a été portée devant le conseil en juillet 2008 par une grosse délégation d'élus, de coutumiers et de représentants du monde associatif, et l'inscription a été vécue par beaucoup comme un vrai soulagement. Soulagement notamment pour les politiques et les institutions de la NC car une non-inscription au patrimoine de certains sites du bien présenté

---

[1] Le Sénat coutumier a été créé par l'accord de Nouméa et est une institution regroupant des sénateurs nommés par les chefferies des huit pays coutumiers kanak.

au classement aurait été interprétée par l'opinion publique et les populations autochtones du Sud comme un rejet sur le plan environnemental du projet industriel appelé « usine de Goro », ainsi que son grand tuyau de rejet des effluents liquides dans le canal du Havanah, lequel figure dans la « zone tampon » du site classé. Sur un plan général, il fallait bien ce label du patrimoine mondial pour contrebalancer l'image de la construction des deux usines de nickel de classe mondiale dans ce petit pays qu'est la NC.

Nous assistons en 2013 au même scénario, toujours dans le Sud, où a été annoncé fin 2012 le lancement d'une association entre la province du Sud et les deux géants mondiaux du nickel présents dans le Sud de l'île, ayant pour objet d'étudier la faisabilité de l'exploitation d'un des derniers importants gisements de minerai latéritique encore libre et connu dans le monde. Le 1er février 2013, l'autorité provinciale a annoncé la mise en place d'une grande réserve RAMSAR[1] - zone humide à protéger - sur 44 000 hectares, positionnée à proximité du gisement de nickel cité précédemment. Pour la petite histoire, cette demande a été introduite en 1993 par la commune de Yaté, puisqu'il s'agit d'une zone humide présente sur son territoire. Il y a donc comme une logique qui s'impose ou que respectent les pouvoirs publics en NC : définir avec les compagnies minières intéressées les périmètres des exploitations minières immédiates et futures et ensuite envisager des plans de sauvegarde de l'environnement et répondre ainsi aux préoccupations exprimées par les opinions publiques locales et internationales. C'est une approche qui laisse encore la part belle aux multinationales, à leurs stratégies de développement et qui ne s'inscrit que modérément dans la perspective d'un développement durable.

Autre secteur sensible, la lutte contre les incendies et « feux de brousse » reste une préoccupation majeure, et régulièrement des catastrophes écologiques se produisent avec la destruction d'écosystèmes par manque de moyens d'intervention héliportés lorsqu'il s'agit de sites inaccessibles. Ce fut le cas, il y a quelques années sur la

[1] RAMSAR - la convention sur les zones humides d'importance internationale, appelée convention de Ramsar, est un traité intergouvernemental qui sert de cadre à l'action nationale et à la coopération internationale pour la conservation et l'utilisation rationnelle des zones humides et de leurs ressources.

commune du Mont Dore avec l'incendie de la « montagne des Sources » et cela s'est reproduit en janvier 2013 sur la commune de Yaté avec l'incendie du « Pernod ». Les budgets limités et les disfonctionnements du centre d'intervention et de coordination des moyens sont pointés du doigt dans ces calamités. La reforestation est une composante incontournable des politiques publiques en matière de protection de l'environnement, dont la ressource en eau. Les forêts primaires ont été anéanties par l'action de l'homme et aujourd'hui les « feux de brousse » poursuivent l'œuvre destructrice. Les institutions en ont pris conscience et la province du Sud a récemment lancé un programme intéressant de sylviculture qui devrait couvrir sur les dix prochaines années son territoire de près de 2 000 hectares de plantations de kaories et de sapins[1]. Dans le secteur privé, le pacte de développement durable négocié par le comité Rhéébù Nùù[2] et les chefferies du conseil coutumier Djubéa Kapûmé avec l'industriel Vale NC a inclus, en tant que mesures compensatoires aux destructions du patrimoine naturel végétal opérées sur la mine et le site de l'usine, un programme de reverdissement de 2 000 hectares de plantations endémiques. Le principe d'une compensation traduite en hectares de végétation et de reboisement à réaliser par les sociétés minières dévoreuses d'espaces naturels est une voie qui se confirme et qu'il serait intéressant de promouvoir en matière de politique publique. On peut relever une initiative intéressante prise par la commune de La Foa de créer, à l'exemple de ce qui se fait en France métropolitaine, un conseil de l'eau composé des différentes catégories de consommateurs (populations, agriculteurs, institutions), qui a pour objet d'associer toutes les parties prenantes à la gestion participative de la ressource et de la distribution de l'eau.

Sur le plan de l'assainissement, la concentration accrue des populations rurales sur des grandes agglomérations comme le grand

---

[1] Les araucariacées regroupent deux espèces, agathis et araucaria, qui composent la même famille dont bon nombre d'espèces sont endémiques à la NC. www.asterducailloux.nc.

[2] Le comité Rhéébù Nùù est une ONG autochtone kanak créée par les chefferies du Sud en 2002 pour défendre l'environnement du Sud face à la réalisation de l'usine du Sud. Au bout de six années d'opposition, un pacte de développement durable a été signé, comprenant un volet environnemental, un volet socioculturel et un volet patrimoine, avec un plan de reboisement et de reverdissement.

Nouméa dans le Sud ou la zone VKP - les communes de Voh, Koné et Pouembout concernées par l'usine du Nord - ainsi que la création de lotissements dans toutes les communes de la NC impliquent nécessairement la mise en œuvre systématique de réseaux de collecte et de traitement collectif des eaux usées. Le gouvernement de NC a, en 2008, lancé une grande concertation avec les collectivités communales et provinciales qui a abouti à une étude et un rapport portant sur la définition d'un « macroschéma d'assainissement des villes et villages de NC ». Cette étude[1], menée par un bureau spécialisé, a préconisé des orientations des besoins à l'horizon 2025 en faisant le constat que seulement 45 000 EH (équivalent-habitant) étaient raccordés à un réseau d'assainissement. Selon cette étude, les besoins sont à hauteur de plus de 100 milliards de F XPF (1 milliard d'euros). Pour le grand Nouméa seront nécessaires 75 à 100 milliards de F XPF et pour la province Nord 15 à 26 milliards de F XPF.

4.5. La qualité de l'eau, indicateur important du suivi environnemental

L'eau, source de vie et composante essentielle des différents flux environnementaux, impose des mesures de suivi et de contrôle toujours plus pointues et efficaces, et le développement de politiques de l'eau pertinentes à quelque niveau que ce soit. Il y a donc matière à s'interroger et à évaluer à partir de critères objectifs car si, pendant longtemps, la science était bâillonnée par le discours politique entendu se fondant sur les limites de la science et l'absence d' études approfondies, aujourd'hui ce n'est plus le cas. Les critères de potabilité et de qualité sont connus à l'échelle internationale comme à l'échelle nationale et une expertise technique sur la gestion de l'eau s'est mondialisée.

L'eau est-elle potable et accessible à tous sur l'ensemble des 33 communes ? La réponse donnée à cette question est que l'eau potable est disponible sur l'ensemble des communes de la NC et qu'elle est majoritairement traitée. Il est vrai que les captages d'eau gravitaires posent d'énormes problèmes au niveau de la turbidité venant des

---

[1] A2EP-Roche/Gouvernement NC : rapport présenté le 13 mai 2009.

pollutions minières et naturelles, lesquelles sont techniquement et difficilement maîtrisables. L'eau potable est donc de plus en plus proposée à des coûts de facturation très élevés, ce qui limite déjà l'accès à l'eau comme sur la commune d'Ouvéa. Les eaux usées sont-elles traitées avant rejet dans la nature ? La réponse est multiple car elle dépend de la densité des populations. Dans les villes et agglomérations, il y a nécessité d'installer des unités de traitement des eaux usées, comme l'indique le rapport A2EP-Roche. Les besoins sont immenses puisque seulement 45 000 EH sont raccordés à un réseau et que l'agglomération du grand Nouméa, où les besoins sont les plus criants, concentre une population de 170 000 habitants. Pour les autres, la configuration en réseau individuel de traitement est appropriée, à condition de respecter les normes et règles, en sachant que plusieurs techniques sont disponibles. La pollution des nappes phréatiques est-elle due à l'utilisation d'engrais chimiques, de pesticides et d'herbicides ? C'est un sujet où la NC a pris du retard, et les mentalités ont du mal à progresser, comme le témoignent les nombreux jugements des tribunaux de Nouméa et de la cour d'appel de Paris. L'association Ensemble Pour La Planète[1] y a introduit des recours qu'elle a toujours gagnés contre les arrêtés du gouvernement calédonien, autorisant l'utilisation de plus d'une dizaine de pesticides et d'herbicides retirés de la commercialisation en Europe. Les risques de pollution sont donc très présents. La gestion des eaux de ruissellement des carrières et des mines est-elle satisfaisante ? Le code minier adopté en 2009 a consolidé la pratique de nouvelles dispositions techniques, notamment en ce qui concerne la gestion des stériles, les ouvertures de pistes et de plates-formes, les bassins de décantation. Il reste cependant que plus de 20 000 hectares des mines orphelines sont déficients au niveau du traitement des eaux de ruissellement qui charrient les fines et les stériles dans les cours d'eau et dans les estuaires. Chaque cyclone pluvieux fait la démonstration de l'ampleur de la tâche, et le dernier en date (le cyclone Freda de janvier 2013) a provoqué des transports de stériles et des glissements de terrain qui ont provoqué des désordres au niveau des cours d'eau.

[1] http://www.eplp.asso.nc/.

Quant à la mobilisation des ressources en eau pour l'industrie du nickel, les besoins sont très importants. Dans le Sud, l'usine de Vale Nouvelle-Calédonie a soulevé et continue de soulever beaucoup d'interrogations et de questionnements autour du stockage des résidus imbibés de molécules libérées de métaux lourds en provenance du traitement hydrométallurgique des minerais limonites de nickel et du refoulement vers la mer dans le canal du Havanah et le lagon sud-calédonien de l'effluent liquide. Après de nombreuses expertises et contre-expertises menées grâce à la révolte des populations autochtones du Sud et des associations environnementalistes menées par le comité Rhéébù Nùù, les normes de rejet appliquées aux métaux dissous ont été revues et mieux encadrées. S'agissant de domaines tout à fait inédits, seul un suivi de qualité des mesures de contrôle permettra d'évaluer dans le temps, la qualité des eaux rejetées et leur impact sur les milieux terrestre et marin. Dans le domaine industriel, les productions susceptibles d'engendrer des pollutions environnementales par air ou par rejet dans le milieu aquatique sont encadrées par la réglementation sur les ICPE que chaque province édicte et fait appliquer. Là aussi, la réglementation s'inspire des normes et procédures métropolitaines. Les contrôleurs sont jusqu'ici des fonctionnaires d'État du ministère français de l'Industrie et affectés à la NC. Il manque une visibilité réelle sur les données de ces suivis pour pouvoir apprécier la qualité des rejets dans le milieu naturel, et il y a encore beaucoup à faire en matière de transparence. Dans le domaine de la production de l'énergie, la construction de deux nouvelles usines qui entrent en production en 2013 conduit inévitablement à un triplement de la consommation d'énergie, et ce sont deux usines à charbon et une usine à fuel lourd qui fonctionnent aujourd'hui. Le ratio $C0_2$-NOx par habitant place la NC parmi les pays les plus polluants en gaz à effet de serre. Or, on le sait, l'acidification des mers et océans détruit la biodiversité marine et influence en retour le réchauffement climatique et la montée des eaux, phénomènes déjà vécus par les petites îles du Pacifique.

Conclusion

Il apparaît, au regard de l'expérience calédonienne, que le discours politique sur la promotion du développement durable a du mal à émerger dès lors que les multinationales sont en mouvement, promettant une prospérité artificielle nouvelle pour la population, ce dont se contentent beaucoup de gouvernants. La loi des multinationales et de la globalisation financière et économique amène à une gestion de l'eau douce complètement domestiquée par le profit et la rentabilité, et il faudra beaucoup de volonté pour changer cette orientation qui plus est enracinée à l'échelle internationale au-dessus des États-nations. Il en résulte que la responsabilité des élus locaux des communes est pesante. Cependant, elle reste déterminante quant à la possibilité d'inscrire leurs réalisations sur du « durable ». Tout réside finalement dans leur capacité à s'appuyer sur une technicité toujours plus pointue, offerte par les grands groupes multinationaux tout en limitant les profits que ceux-ci exigent.

Si le principe du pollueur-payeur était mis en œuvre et que des études d'impacts approfondies étaient menées, mesurant les bienfaits générés par les grosses industries de matières premières sur les moyen et long termes, pour les populations locales, nul doute que le procès de production serait globalement chiffré et augmenté des conséquences directes et indirectes, avec pour finalité, que la réparation des dommages directs et indirects soit intégrée et prise en charge sur l'ensemble de la filière, du niveau local au niveau international, sur le plan du marché des matières premières. Ainsi, les stériles des mines calédoniennes ou les scories-stériles des usines polluant le lagon pourraient être transportées vers certaines îles du Pacifique impactées par la montée des eaux, et cela naturellement comme est transporté aujourd'hui le minerai de nickel vers le Japon, l'Australie, la Chine ou la Corée.

Il y a comme une similitude ou comme un parallèle entre ce qui se passe aux niveaux international, national et dans chaque pays comme la Nouvelle-Calédonie. Le constat est que la prise de conscience sur les réalités et les ruptures introduites par le changement climatique est, quel que soit le niveau où l'on se trouve, en décalage avec la faiblesse des mesures et des moyens adoptés. La nature de l'eau, les enjeux de sa gestion sur les plans naturel, écologique et sociétal laissent à penser que des réponses concrètes devront être apportées et dans des délais compatibles par les sociétés humaines contemporaines.

Bibliographie :

A2EP-Roche, Gouvernement de la Nouvelle-Calédonie., *Macro schéma d'assainissement de la NC*, mai 2009.

Agence de développement rural et de l'aménagement foncier., *La réforme foncière en Nouvelle-Calédonie 1978-1998*, 2000,*www.adraf.nc/*.

Ajda du 4 septembre 2006 Collectivité territoriales, *Le Juge administratif face à la coutume Kanak.*

Annaya J., *Rapport du Rapporteur sur les droits des peuples autochtones, La situation du peuple Kanak en Nouvelle-Calédonie*, ONU, 2011.

Balladier G., *Le royaume de KONGO du XVIe au XVIIIe siècle*, Paris, Hachette, 1965.

Bensa A. & Rivière J.-C., *Les Chemins de l'Alliance, L'organisation sociale et ses représentations en Nouvelle-Calédonie, Langues et Cultures du Pacifique 1*, Cnrs et Secrétariat d'été aux départements d'Outre-mer, 1982.

Bérard L. Cegarra M. Djama M. Louafi S. Marchenay P. Roussel B. & Verdeaux F., *Biodiversité et savoirs naturalistes locaux en France*, Cirad, Iddri, IFB, Inra, 2005.

Berger C. & Roques J.-L. *L'eau comme fait Social*, Paris, l'Harmattan, 2005.

Beuret J.-E. & Cadoret A., *Gérer ensemble Les Territoires, Vers une démocratie coopérative*, Editions Charles Léopold Mayer, FPH, 2010.

Bourdieu P., *Questions de sociologie*, Paris, Les Éditions de minuit, 1984.

Centre Franco-Japonais, Alliance française d'Osaka, « *Eau et Diversité Culturelle* », mai 2003.

CES-Conseil Economique et Social de la NC, *Synthèse des assises de l'eau*, 2008.

Clastres P., *La société contre l'Etat*, Paris, Les Éditions de minuit, 1974.

Cretton V., *Négocier le conflit à Fidji, « Cérémonies du pardon » et enjeux du coup d'État de 2000*, Paris, L'Harmattan, IMOA, 2007.

De Deckker P. & Kuntz L., *La bataille de la coutume et ses enjeux pour le Pacifique Sud*, Paris, L'Harmattan, 1998.

Fistetti F., *Théorie du multiculturalisme*, Paris, La découverte, 2009.

Fleury C. & Prévot-Julliard A.-C., *L'exigence de réconciliation*, Paris, Fayard, 2011.

Freyss J., *Economie assistée et changement social en Nouvelle-Calédonie*, Tiers Monde, I.E.D.E.S., 1995.

Giry C. & Pillon. P., « Réformes foncières et groupement d'élevage mélanésiens en Nouvelle-Calédonie. Le contexte et ses enjeux ». *Journal de la Société des océanistes*, vol 85, 1987, pp. 205-219.

Gouvernement de la NC, *schéma d'aménagement de la NC-Eau Energie*, www.gouv.nc.

Hessel S. & Morin E., *Le chemin de l'espérance*, Paris, Fayard, 2011
Hydroconsult International, Gie ORSTOM-EDF, Commune de Nouméa, *Etude sur l'alimentation de Nouméa à partir de Dumbéa,* rapport, 1995.
Journal officiel de la Nouvelle-Calédonie., juridoc www.gouv.nc
Juridoc.Gouv.nc., *Loi du pays n° 2001-017, du 11 janvier 2002 sur le domaine public maritime de la Nouvelle-Calédonie et des provinces.*
Juridoc.Gouv.nc., *Loi du pays n° 2006-15 du 15 janvier 2007 relative aux actes coutumiers.*
Kohler J.-M. & Pillon P., *Économie domestique mélanésienne et développement, L'opération du Café,* Institut français de recherche scientifique pour le développement, en coopération avec l'ORSTOM, Office culturel scientifique et technique canaque, 1986
Lafargue R., *La coutume face à son destin,* Paris, LGDJ, 2010.
Lazarus N., *Penser le postcolonial*, Paris, Éditions Amsterdam, 2006.
Leenhardt M., *Do Kamo, La personne et le mythe dans le monde mélanésien*, Paris, Gallimard, 2005.
Le journal de la recherche et du transfert de l'arc Jurassien-Dossier. *L'eau Patrimoine de l'humanité,* n° 243, juillet-août, 2012
Le magazine NEXUS, *La mémoire de l'eau,* n° 81, juillet-août, 2012.
Lénine, *Textes philosophiques*, Paris, Éditions sociales, 1978.
Les nouvelles-calédoniennes. www.lnc.nc - articles consacrés à l'eau potable - *Drehu 1er février 2013, article Chambre territoriale des comptes Nouméa -15 décembre 2012.*
Levis D., *Terres des Hommes du Grand Océan, De la coutume au Droit international*, Paris, L'Harmattan, 1999.
Lévi-Strauss C., *Race et Histoire*, Paris, Gallimard, 2010.
Malinowski B., *La vie sexuelle des sauvages du Nord-Ouest de la Mélanésie,* Paris, Payot, 2000.
Maurice P. & Chauchat M., (ed), « Régime politique, Développement et Insularité dans l'Hémisphère Sud », *Cahier ORIHS,* n° 7, 2002.
Mouri H., « La privatisation » de l'eau d'irrigation : enjeu social et politique Le cas du périmètre irrigué périurbain de Tuborba (Tunisie) », *Colloque international de l'Université de provence*, 20 et 21 janvier 2011.
Naepels M., *Réforme foncière et propriété dans la région de Houaïlou* (Nouvelle-Calédonie), 1, n° 177, E.H.E.S.S, 2006.
Paugam S. (dir), *L'enquête sociologique*, Paris, PUF, 2010.
Pelt J.-M. & De Franck S., *Nature et Spiritualité*, Paris, Fayard, 2008.
Pidjo J.-M., *Le Mwa Tea Mwalebeng et le fils du Soleil*, Nouméa, Le-Rocher-à-la-Voile et les Editions du Cagou, 2002.
Politzer G., Principes élémentaires de philosophie, Paris, Editions Delga, 2009.
Revue Paul Sabatier, « Comment la recherche aborde la question de ressources en eau », juin 2012.

Tabani M.-K., *Les Pouvoirs De La Coutume A Vanuatu, Traditionalisme et édification nationale*, Paris, L'Harmattan, 2002.
Thiam S., *La notion d'autochtonie au Sénégal à l'aune de la question des droits individuels et des droits collectifs*, Rouen, Campus international, 2011.
Tjibaou J.-M., *La présence Kanak*, Paris, Odile Jacob, 1996.
Tjibaou J.-M. & et Missotte Ph., *Téa Kanaké*, Nouméa, Les Éditions du Pacifique, 1978.

CONCLUSION

Corinne BERGER

« Au lieu de traiter la nature comme un objet dont il est possible de disposer techniquement, on peut aller à sa rencontre comme celle d'un partenaire dans une interaction possible. »

Jürgen Habermas, *La technique et la science comme idéologie.*

Dans cette partie du monde qu'est le Pacifique Sud, où l'eau est si présente sous bien des formes, les sociétés traditionnelles locales ont utilisé cet élément pour produire, pour consommer, mais aussi pour se déplacer. Elles ont aussi pu construire leurs panthéons, leurs mondes parallèles, leurs héros au travers de diverses fantasmatiques et croyances. Les mythes ont justifié sans cesse leurs systèmes culturels, leurs valeurs, leurs normes et leurs rites. Même si les récits fantastiques ont perdu aujourd'hui de leur acuité, ils sont parfois retravaillés, réinventés, et restent sans nul doute prégnants dans toutes les mémoires collectives sélectives de ces lieux.

Pour leur part, venus du fond des océans, les Modernes se voulaient les représentants des Lumières. Pensant que le monde était en train de passer de la barbarie à la clarté, ils étaient fiers de leurs savoirs, de leurs sciences, de leurs techniques, de leurs méthodes d'instrumentation, mais aussi de leurs droits. Ils étaient sûrs de leur rationalisme. Pour sa part, la nature n'étant qu'une simple matière, ils pouvaient en devenir les maîtres et les possesseurs absolus. Sûrs de leurs idéaux, ils décrétèrent le plus souvent que les nouvelles terres, qu'ils avaient l'impression de découvrir, étaient des choses sans maître, donc en leur possession. Ils ne se doutaient pourtant pas qu'ils véhiculaient leurs symboliques, mais aussi leurs propres mythes et croyances, qu'ils pensaient avoir pu paradoxalement éradiquer.

Ainsi, deux représentations du monde, avec leurs coutumes et leurs lois différentes, avec leurs habitudes et leurs mœurs distinctes, avec simplement des manières de vivre dissemblables, se sont dès lors rencontrées, croisées, parfois entendues mais aussi combattues, dans le but de conserver, de s'approprier, ou de se réapproprier les ressources et notamment cette eau si précieuse et vitale.

Fort de cette imbrication, le monde dans lequel nous vivons, est assez surprenant et souvent ambigu. Il est source d'espoir et d'espérance tout en étant dans le même élan source de crainte et de désespoir. Il est ambivalent, flottant et engendre de multiples distorsions et tensions. Il y a, par exemple, des affirmations et des projets qui envisagent de protéger les rivières, les estuaires ou les océans, tout en soutenant aux mêmes endroits des industries polluantes qui se disent créatrices d'emploi. Il y a des exaltations à promouvoir une société précautionneuse de l'environnement et des écosystèmes, tout en gaspillant et en souillant quotidiennement l'eau avec des pratiques urbaines et ludiques formidablement « aquavores ».

Les divers textes présentés dans cet ouvrage nous ont permis aux uns et aux autres de mettre en évidence certaines de ces contradictions, mais aussi les difficultés rencontrées par des systèmes dans lesquels nous sommes tous immergés. Ils ont permis aussi, de manière sous-jacente, de repérer les diverses ambivalences propres à l'ensemble des acteurs en présence. Nous sommes dès lors dans une situation typique qui en se radicalisant devient en soi de plus en plus problématique. Cette situation exerce de fait une multiplicité de pressions, à tous les niveaux. Elle pose le problème de causalités qui sont de plus en plus difficiles à repérer et à évaluer, mais aussi des conséquences qui sont de plus en plus malaisées à envisager, à gérer, voire à réguler.

Nous avons pu remarquer en substance que l'eau, quelle que soit sa forme, était bel et bien menacée, engendrant des effets sociaux redoutables, avec leurs lots de morbidités, de mortalités, mais aussi de crises et de conflits. Mais il n'y a pas que cela. Lorsqu'elle n'est pas souillée, polluée ou gaspillée, elle devient irrémédiablement un objet de convoitise, un objet d'appropriation, entraînant de manière concomitante des phénomènes de dépossession et des processus d'exclusion.

Trois axes pourraient être relevés sous couvert de pressions plus ou moins prégnantes. Tout d'abord, il existe des pressions économiques, voire par leurs radicalités spéculatives et financières. Sous couvert de productions industrielles, elles favorisent des courses à l'exploitation des ressources aquatiques et marines (poissons, minerais), tout en faisant miroiter un avenir radieux par une quasi obligation de production. Or ce futur idéalisé ne se traduit et ne se concrétise dans les faits que pour certains, en oubliant les autres. Ensuite, il y a des pressions politiques, administratives et juridiques qui se veulent et se disent protectrices de la ressource en eau. Elles favorisent des impositions de normes qui sont malgré tout parfois obscures, parfois inadaptées. Or, dans leurs logiques envisagées par le biais d'un rationalisme fort, elles semblent marginaliser les plus démunis et entravent leur quête de ressource en eau ou de ressource venant de l'eau. Enfin, il s'avère que les pressions culturelles exogènes, entraînant des modes de vie et d'urbanisation des comportements incongrus, favorisent pour leur part une consommation toujours plus importante d'eau. Loin de n'y voir qu'un effet de l'augmentation démographique, il s'avère que ces nouvelles attitudes et conduites engendrent de manière évidente des gaspillages, des pollutions et des raréfactions de l'eau potable.

Il semble donc qu'il existe dans la zone du Pacifique Sud, comme d'ailleurs dans d'autres endroits sur la planète, des distorsions mais aussi de nombreuses tensions manifestes ou latentes quant à la question et à la gestion de cette ressource aussi vitale que nécessaire. Ainsi, la question de l'eau n'y est pas différente de celle que l'on peut rencontrer ailleurs. Pourtant, on aurait pu penser que cette zone pourrait être protégée. Or, là où il y a de l'eau, il y a non seulement de la convoitise mais aussi de la pollution. Toutefois, les problèmes semblent plus graves lorsque l'on sait qu'ils touchent un territoire dont la spécificité est l'insularité. Est-il dès lors possible de sortir de ces contradictions tant nous sommes tous pris dans un cercle vicieux ? Comme la Terre a été divisée en zones urbaines ou naturelles, faudrait-il aussi différencier l'eau en fonction des usages qui deviennent aussi divers que variés ? Faudrait-il un régime juridique pour chacune des catégories d'eau ? Ce livre composé d'importantes contributions n'a certainement pas épuisé toutes les problématiques, il se veut surtout une ouverture.

ANNEXE : Texte original de Paul D'Arcy en anglais

Seabed Mining and Oceania: Imminent Resource Bonanza or Resource Curse Writ Large?

Paul D'Arcy

Pacific Island nations will soon experience a rapidly developing technological and commercial frontier – seabed mining. Few Pacific Island nations are equipped to conduct independent seabed mining operations themselves, and most face significant shortfalls in government income that will add pressure on them to allow this new mining to proceed without precedents to allow an assessment of the ecological and economic consequences. Pacific Island nations receive significant aid from their former colonial rulers, but this aid is increasingly coming with conditions attached, and the ever-present threat of imminent reduction. With high birth rates, aid has already effectively diminished per head of population. Pacific territories that are still part of the territory of former colonial powers generally benefit from significant metropolitan funding so that their income is often greater than that of their independent neighbours per head of population. The result has been that the current generation of Pacific Islanders has witnessed an unprecedented harvesting of terrestrial minerals, forest resources, and offshore fisheries. Many of the archipelagic nations of Oceania are overwhelmingly coralline and aquatic, and derive much of their national income from resource rents paid by fleets from Pacific Rim nations to fish this huge ocean surface of the planet and the vast volume of water beneath it. Seabed mining offers a potential supplementary income source, or perhaps a viable alternative to dependence on aid monies and stressed or exhausted land-based minerals, timber, and near-shore and off-shore fisheries. The potential benefits are significant, while the potential consequences are uncertain.

Economic Viability and Sustainable Development in Oceania

Fears of economic viability as micro-economies in a global world and political coherence as arbitrary colonial boundaries united diverse peoples delayed independence until the mid to late 1970s for most Pacific nations. Independent Pacific Island states vary considerably in size from ten thousand in Tuvalu to approximately six million, one hundred thousand in Papua New Guinea. A variety of languages are spoken within each nation state and the kin-based identity is the dominant affiliation of most citizens. Most inherited limited infrastructure from their colonial rulers and since independence have been unable to provide the transport, educational, health and economic facilities needed to make their citizens willing and able to operate as citizens of a modern state. Most people still practice essentially highly localized subsistence lifestyles occasionally supplemented by cash crops. Despite poor communications and at times tense relations between social groups, sizable minority of the population now travel beyond their kin group area to work in the modern economy, especially in national capitals or large multinational undertakings such as mine sites. Such gathering places are sources of both identity formation and tension. While a new class-based urban identity has begun to take place in cities such as Suva, many if not most migrants to cities rely upon wantoks – networks who speak the same language and share cultural origins (Nero, 1997: 359-396).

The dominant development paradigm since independence has been the so-called MIRAB economy used to describe many of the smaller nations of contemporary Oceania. MIRAB refers to the main funding sources of these economies; migration, remittances, aid and bureaucracy. The MIRAB image is one of tiny, non-viable economies forever condemned to dependency on aid from former colonial powers as most aid is absorbed in civil service salaries, so that remittances dependent on variable access to Pacific Rim labour markets become the main income source for those outside of government (Bertram and Watters, Betram). The late Tongan scholar Epeli Hau'ofa argues that these MIRAB 'basket cases' were the result of barriers created by colonial boundaries and policies that imposed an artificial sense of isolation and separation upon Islanders. They must now de-colonise their minds, and recast their sense of identity by rediscovering the vision of their ancestors for whom the Pacific was a boundless sea of possibilities and opportunities (Hau'ofa). Most MIRAB economies fall within the conventional divisions of Polynesia and Micronesia and consist of relatively small, crowded islands in regions were sea spaces dominate and form the majority of the region's surface. Fisheries are an important resource for many of these nations as discussed in the next section, but access to the labour markets of former colonial rulers on the Pacific Rim are also important, and possible because of the relatively small size of these national populations compared to the largest Pacific nations in Melanesia in the southwest Pacific.

The resource rich and larger Pacific nations of Melanesia, especially Papua New Guinea and Solomon Islands, display a different economic pattern of large-scale and foreign controlled multinational companies extracting minerals, timber and fish and exporting them largely unprocessed so that host nations develop comparatively few ancillary and value-added industries and receive only a fraction of the potential value of their raw materials. Melanesian nations' large populations have deterred Pacific Rim nations from legislating for enduring access to their labour markets, adding further pressure to develop domestic primary industries based on the extraction of raw materials. Limited resources for environmental policing of resource extraction sites, the political marginalization of land owners in the immediate vicinity of these operations because of their small numbers and therefore limited parliamentary representation, and the large percentage of national income that taxes gathered by governments from multinationals earn have given rise to the resource curse paradigm, where resources are considered at best a double-edged sword. They attract outsiders with no commitment to local sustainability, and divide local communities, pitting these same communities against what is often perceived of as an unholy alliance between big business and national governments (Allen, Banks, Wesley-Smith, Kabutaulaka, Doulman, Chand et al, Filer and Macintyre, Scheyvens and Lagisa). Resource rich areas are often lightly populated, leading to tragedy of the commons scenarios where resources owned by no one are protected and sustained by no one, especially on the high seas and away from national capitals where they are designated terra nugax, a sort of unclaimed frontier ripe for harvesting (Burton).

The literature on terrestrial mining in Melanesia is dominated by ledgers revealing immense wealth flowing into government coffers from mining taxes, but also cautionary tales of long-term environmental damage from the dumping or leaking of chemicals used in mining into waterways downstream creating virtually uninhabitable river zones. Ok Tedi mine in Western Province is probably the best known example of such environmental degradation (Banks and Ballard, Wesley-Smith). There are also examples of open conflict between groups, and within the most affected communities, as parties maneuvered to control aspects of mining operations, and of local communities becoming divided and hostile to outsiders disrupting their ways with massive influx of workers seeking employment and few well paid jobs or profits falling upon local peoples. The closure of Panguna mine on Bougainville due to conflict is the best known culturally and politically divisive mining operation in Papua New Guinea (Denoon, May and Spriggs, Regan), while the current Southern Highlands gas pipeline in Papua New Guinea threatens to be equally violent and disruptive to the national economy for the many of the same reasons that underlay conflict and environmental disruption at Panguna and Ok Tedi (Haley and May).

International Law and Ocean Resources in the Pacific Islands

While most Melanesian nations have rich land-based mineral resources, the sea is the major environmental resource of the smaller nations of Micronesia and Polynesia in northern and eastern Oceania. The 1982 UN Convention on the Law of the Sea (UNCLOS III) forms the basis of access and exploitation rights for maritime resources in Oceania. The Convention substantially extended coastal nations' sovereignty over adjacent waters (United Nations; Brownlie, 87-208; and Harris, 381-503). This benefited most modern Pacific nations as island archipelagos surrounded by vast expanses of ocean. The outer limit of territorial seas was set at 12 nautical miles (22 kilometers), but coastal states' sovereignty over living and non-living marine resources was extended to 200 nautical miles (370.4 kilometers) from shore in the form of Exclusive Economic Zones (EEZs). Coastal states were also given the right to designate what constituted a sustainable catch within their EEZ, as well as who would get access to harvesting stock in excess of this sustainable catch, and the fee they would pay to the coastal state in return for this access (United Nations, Articles 55-75, especially 55-59). Coastal states were also given rights over the seabed and its subsoil on continental shelves. These are relatively shallow seas that extend out unbroken from the coast. Because of variable geological criteria, they were given fixed legal definitions relating to distance from shore and depth: extending to 350 nautical miles (648 kilometers) from defined coastlines or 100 nautical miles (185.2 kilometers) beyond the 2600 meter isobeth (United Nations, Articles 76-85).[1]

UNCLOS III also provided a detailed conflict resolution structure to resolve competing claims such as where EEZs and continental shelves overlapped for example. Beyond these sovereign areas, the principle of freedom of the high seas prevailed, with access open to all. However, even here, regulation designed to avoid conflict has occurred. For example, the International Seabed Authority has recognized and registered claims made on much of the eastern Pacific seabed by various applicant nations because of the potential wealth of seabed minerals there, despite most of this region lying in international waters beyond any EEZ. As discussed below however, these resources have recently been found to be extremely valuable to the point where they are commercially viable to mine with currently available technology, yet they lie in maritime regions still only governed by voluntary adherence to vague principles rather than set laws and effective monitoring and enforcement mechanisms.

The last legal concept used in UNCLOS III for extending coastal sovereignty was that of archipelagic rights. Nations with islands considered so closely linked politically, geographically and historically as to form an intrinsically inter-linked entity were given the right to draw their EEZ baseline around the outer edge of their outer islands. All waters within this baseline are deemed to be territorial waters, as long as the ratio of water to land is not greater than nine to one (United Nations, Articles 46-54, especially 47-50, Crocombe, 310).

---

[1] An isobeth is a conceptual line joining points of the same depth.

Limitations on Pacific Island Nations' Maritime Economies

UNCLOS III did not officially come into force until 1994 when the required number of nations had ratified it. By then, Pacific Island nations had introduced nation legislation to apply its measures within their national boundaries and the provisions were operating *de facto* in international fishing agreements relating to the Pacific. The new 200 mile (370.4 kilometer) EEZs dramatically increased the territory of Pacific Island nations, particularly archipelagic ones. For example, Fiji's 18,272 square kilometers of land provided an EEZ of 1,290,000 square kilometers, Kiribati's 690 square kilometers of islands translated into an EEZ of 3,550,000 square kilometers, while Federated States of Micronesia's 701 square kilometers of land equated to an EEZ of 2,978,000 square kilometers. Kiribati derives 45% of its revenue from fishing and fishing license fees, while Federated States of Micronesia derive around a quarter of its revenue from these sources (Crocombe, 309; Nero, 369; and Gupta and Yala, 367, Thomas, Teiwaki)).

The potential maritime benefits of political independence have been eroded by economic realities. As small or fragmented political and cultural entities that inherited limited modern infrastructure from their former colonial rulers, Pacific Island nations had limited ability to generate income domestically, and meant that much income was absorbed in providing basic facilities and services taken for granted in more developed nations. Offshore fishing fleets from larger and wealthier Pacific Rim nations regularly violated Pacific Island EEZs in the absence of local monitoring. The same lack of resources to monitor offshore waters also meant that Island nations could not develop effective fishing fleets and were forced into fishing access agreements that returned a mere fraction of the value of the catch at market. The alternatives were forgoing this income and watching the offshore fishery erode through unmonitored fishing by non-citizens, or continued over-reliance on foreign aid from former colonizers (Tarte, 1998: 83; Lobban and Schefter, 274-277; Nero, 368, 377-378; Bardach and Ridings, 43; Jacobs; and Gillett, 1987, 1).

Conditions improved as Island nations agreed to speak as one through the Forum Fisheries Agency, which developed considerable scientific and legal expertise on Pacific fisheries management. Whereas Japan's use of aid to remove restrictive fishing regulations worked well in the early 1980s through essentially lop-sided bilateral agreements with Pacific Island nations, the balance of power changed in the late 1980s. Japan now faced an increasingly united independent Oceania, and significant competition from other players willing to sign more balanced fishing deals. Circumstances particularly changed in favour of Island nations after the US signed a multilateral access agreement with Pacific nations (Tarte, 1998: 96).

The sea out of sight of land within and beyond Pacific Island nations' EEZs remains beyond the control of the state. The open ocean fisheries of Oceania are classic examples of the economic paradigm of the tragedy of the commons - the idea that there is a tendency towards unsustainable use of areas not owned by specific groups or individuals but for which there is common access, either legally or de facto. In such circumstances, no one group has a compelling interest to protect them if they are open to all comers, and so seek to maximize their return before the resource is exhausted (Hardin). Such circumstances can be seen as existing in high seas beyond EEZs and indeed over most parts of EEZ's beyond site of land given the scarce monitoring resources of Pacific Island nations.

These areas beyond the shoreline horizon are the aquatic equivalent to resource rich areas on land that are often lightly populated, so that local inhabitants have little political influence in national parliaments and other decision-making bodies which are invariably based in national capitals. They are perceived by outsiders as terra nugax - a sort of politically invisible, unclaimed frontier ripe for harvesting. This term terra nugax was coined by Papua New Guinea specialist John Burton in relation to the sparsely populated and remote region around Ok Tedi mine in Western Province (Burton). The seas of the Pacific are the aquatic equivalent - mare nugax, especially as their increasingly valued resources attract more and more commercial attention. The literature on terrestrial mining and maritime exploitation in the Pacific Islands remains disconnected. What follows is the first attempt the author is aware of to explore the issues surrounding seabed mining in the Pacific Islands in light of experiences of the economic benefits and environmental consequences of land-based mining operations.

Sovereignty and Access Issues surrounding Seabed Mining

The oceans' benthic (seabed) environments remain some of the least known ecosystems on earth, despite the fact that most of the earth's geological surface is seabed. In July 2011 slowly accumulating evidence of the economic potential of the ocean floor was given a boost when Japanese researchers published evidence of large deposits of rare-earth metals on the seabed in the eastern South Pacific and central North Pacific. Rare earth metals are among the most expensive minerals on earth because of the general lack of terrestrial sources concentrated enough to be commercially viable to mine. 2011 and 2012 have also seen advances in the depth that seabed technology capable of exploring and mining can operate at. Other types of mineral deposits also appear to be approaching viable levels for seabed mining. The Canadian mining company Nautilus Minerals is set to commence large-scale deep sea mining operations for copper and gold in Papua New Guinea in 2013, and the United Nations' designated regulator of seabed mining beyond EEZs, the International Seabed Authority (ISA), is processing a small, but rising number of applications for seabed mineral exploration in the Pacific. This new maritime frontier looks set to expand considerably in the near future. This unanticipated situation has left national governments and international regulators scrambling to design and put in place policies, safeguards and laws pertaining to seabed minerals within and beyond EEZs (Kato et al, Adriano, Drew, Nautilus). These new economic opportunities may also pose a potential threat of unknown magnitude to Pacific fisheries, and may require greater coordination between fisheries and seabed mining regulators and industries in years to come.

There are three types of known seabed mineral deposits. The first consists of manganese nodules, which are fist-sized polymetallic clumps containing valuable minerals such as manganese, nickel, copper, and cobalt that lie on the seabed. Most known deposits lie in the deep ocean in international waters as deep as 5000 meters or three miles down. Most known deposits are in the central Pacific and also, to a lesser extent, in the Indian Oceans. The concentrations with the most commercial potential in the Pacific are located at depths of 4500 to 5500 meters in the Clarion Clipperton area of the central eastern Pacific. Manganese nodules are considered to be commercially viable if they have an average nickel and copper content of 2.25% or more and nodule density of around 10 kilograms per square metre. Analysis of nodules in the Clarion Clipperton area suggests that this area alone contains twice as much cobalt as total land-based reserves (Markussen, Drew, Cronan, International Seabed Authority *Polymetallic Nodules*). Although their existence has been known for over 100 years, technical difficulties with extraction, legal uncertainty about access and ownership rights to seabed mine sites, and the cost of extraction relative to land-based deposits deterred seabed mining. Sustainability may also be an issue once more data on their abundance is known as nodules takes millennia to reach their modest size. Improvements in technology derived from offshore oil and gas operations and the increasing scarcity and therefore price of land-based minerals have now made mineral extraction viable.

The second type of seabed mineral deposit is polymetallic sulphides formed around hot springs in volcanic areas where seawater heated by hot rock as it seeps into volcanic fissures dissolves minerals and then rises like a geyser from the seabed to cool and condense the minerals. These deposits can be up to seven times the quality of the same mineral mined on land and can grow up to 6 meters per year. These vents abound along the Western Pacific's Rim of Fire, with many in water as shallow as 1-2 kilometers and have already attracted bids for exploration licenses off New Zealand, Japan, Fiji, Tonga, Solomon Islands, and Papua New Guinea. To date, around 200 vent fields have been located, although most appear too small to be viable to mine (International Seabed Authority *Polymetallic Sulphides*, The Economist, Latimer). The Pacific's first significant seabed mining operation run by Nautilus Minerals in Papua New Guinea exploits one of these types of deposit. .The third type of potentially commercially viable seabed mineral deposit is cobalt-rich crusts on ridges and seamounts in all world oceans (International Seabed Authority, *Cobalt-rich Crusts*).

Once the necessary price, technology and legal regimes are in place, the potential returns are immense. Exploration has revealed a consistent pattern of vent fields occurring at 100 kilometer intervals, which would equate to 600 fields emitting minerals of varying amounts along the Pacific's mid ocean ridge alone. Nautilus Minerals, the Canadian company to the fore of Pacific seabed mining, estimate that if just 50 percent of these fields prove to be commercially viable, this would represent "several billion tons of copper per annum" (Drew, 12). Its first seabed mine volcanic vent site in Papua New Guinea, the 0.112 square kilometers Solwara 1 is considered commercially viable as its copper deposits are ten times more concentrated than most copper deposits mined on land. Joe Dowling, Vice President of Investor Relations for Nautilus Minerals expects Solwara I to be in production by the end of 2013 and to generate c. 80,000 tonnes of copper and 150,000 ounces of gold per year (Latimer, 3, Drew, 6, Nautilus). Nautilus's exploratory investigations at Solwara and other sites in the Bismarck Sea have led them to conclude that it contains the world's richest copper-gold resource which is expected to yield 1.5 million tonnes of ore per year. If investigations of the Solwara site, which is 50 km north of New Britain and 30 km west of New Ireland at 1600 meters depth, are representative, then this load will yield 7% copper and 6 grams of gold per tonne of ore extracted – well beyond the minimum concentration designated as profitable in these circumstances, and much higher than the 0.5% some terrestrial mines operate at. (Latimer, 3, Shwartz, 8-9, SOPAC).

The market price of seabed minerals has to be calculated against the cost of extraction when calculating the viability of seabed mining ventures. A key determinant here is technology. Technological developments in the offshore oil industry that also have application in seabed mining, meaning that there is already the technology and a manufacturing infrastructure to support large scale seabed mining. For example, deep water pumps and suction pumps developed to bring subsea oil to the surface can also be used to bring seabed minerals mixed with sea water to the surface. The oil industry has also developed remotely operated vehicles (ROVs) to explore and sample seabed content and also to excavate trenches in the seabed for oil pipelines. The demands of offshore oil and gas exploration have led Seafloor Geophysics based in Houston to develop vehicles that sit on the seabed and can drill down to 80 meters below the seabed by wire-line drilling. Woods' Hole Oceanographic Institution has ROV that can operate at 11 km depth (The Economist, Latimer, Shwartz). In 2010, the Chinese ROV Jiaolong went down to 3759 meters in the Indian Ocean and is designed to be able to go down to 7000 meters, and is reported to have gone down to 6000 meters in the Pacific recently (Press Trust of India).

The minerals China seeks to exploit in the Indian Ocean lie between 5000-7000 meters (International Seabed Authority, *Polymetallic nodules*).

Nautilus Minerals claims its Solwara 1 extraction method will leave no tailings and almost no waste at all, so that it is much cleaner than land-based mining operations. It is also more concentrated ore, so that less rock has to be extracted to return the equivalent load of valued ore than on land (Latimer, Drew, Nautilus). The environmental claim is bold given the sheer volume of rock to be extracted, and it is uncertain why a commercial company liable to shareholders should cap extraction and profits once the necessary extraction infrastructure is in place simply to better preserve undersea ecosystems that few humans fish or even pass over. Indigenous peoples in Oceania who face the prospect of seabed mining are generally reluctant to have this activity near their fishing grounds, despite the potential prospects of wealth and employment arising from mining operations. While tests of seabed mining have been conducted to monitor environmental damage to mined areas, the silt plume drifts arising from which suggested damage was temporary and acceptable, there are no working operations to prove or disprove claims from all parties (Drew, Markussen 31-35).

The final determinant of decisions to mine the seabed is perhaps the most problematic - security of ownership and/or user or extraction rights of the seabed, especially for deep seas beyond national EEZs. The determination of such rights is still being worked out within EEZs, and beyond national EEZs it remains confined to the granting of rights to explore for minerals in geographically defined zones applied for by mining companies, increasingly with the support of one or more national governments. The final United Nations Convention on the Law of the Sea set up the International Seabed Authority (ISA) in 1994 to regulate deep sea mining ventures outside nations' Exclusive Economic Zones (International Seabed Authority, '*Authority*'). All 159 signatories to UNCLOS and the European Community are members of the ISA. The ISA's two representative bodies are the ISA Assembly on which all members sit and 36-member Council elected by the Assembly on the basis of criteria designed to ensure equitable representation for various groups, including those engaged in seabed mineral exploration (4 members); land-based producers of minerals found on the seabed (4 members); developing nation states with special interests such as those with large populations, land-locked nations, island states, and states which are potential land based producers of seabed minerals or major importers of minerals to come from the sea beds to be mined (6 members); and geographical coverage of the globe, with at least one member from each of the following regions – Africa, Asia, Eastern Europe, Latin America and the Caribbean, and Western Europe and others. Membership is rotated by vote on a four year cycle and is held by representatives of nation-states. At present, Fiji is the only Pacific island member of the ISA Council (International Seabed Authority, The Council,

Composition of the Council). Assumptions that seabed mining beyond EEZ's is only a distant possibility at present mean that the Authority currently only holds one annual session and has a modest budget of only USD6.5 million and 35 staff ((International Seabed Authority, *Authority*, Drew).

The ISA Council oversees the work of two committees established by UNCLOS - the Legal & Technical Commission (under Article 159) and the Economic Planning Commission.(under Article 164). A third, the Finance Committee, was established under section 9 of the Annex to the UNCLOS 1984 Agreement. The 23 members of the Legal and Technical Committee are elected by the ISA Council on the basis of their expertise in areas pertaining to exploration, exploitation and processing of seabed minerals, including protection of the marine environment, and economic or legal. The Finance Committee comprises 15 members with appropriate financial qualifications who are appointed by the Council to deal with all matters with financial implications and to make appropriate recommendations to the Assembly and Council (United Nations). The Economic Planning Commission will be formed once seabed mining is considered to be practicable. Its members are to be selected on the basis of economic expertise in mineral resource extraction, international trade or international economics. The Commission's functions are set out under article 164 (2) of UNCLOS, and include proposing measures to the Council to regulate activities in the Area, reviewing economic trends which may affect or be derived from the Area, and proposing system of economic assistance for developing States which suffer adverse effects caused by activities in the Area (International Seabed Authority, *Structure and Functioning*).

The ISA's guiding principles have been to develop policies that anticipate and pre-empt environmental damage in the lead up to serious large-scale, seabed mining through careful studies of mining operations and to a lesser extent marine biota on the seabed on and around proposed mining areas beyond the limits of national jurisdiction, and that should be treated as a common heritage of mankind, with proceeds to be shared between those who mount seabed mining operations, and the remainder of the international community, particularly developing nations (International Seabed Authority, *Authority*, Drew). The ISA devised regulations in 2000 for prospecting and exploration for polymetallic nodules. Provisions to minimize damage to the marine environments to be exploited were a particular concern. In the following two years the ISA signed 15-year contracts with seven private and public entities granting these entities exclusive rights to explore for nodules in 75,000 square kilometers tracts of seabed (Each area is limited to 150,000 square kilometers (58,000 sq mi), of which half is to be relinquished to the Authority after eight years (International Seabed Authority, *Exploration Areas*). Each contractor is required to report once a year on its activities in its assigned area).

With the exception of the Government of India's tract in the Indian Ocean, all the exploration tracts are in the Clarion-Clipperton Zone, in the Equatorial North Pacific Ocean south and southeast of Hawaii. The other contracted entities besides the Government of India in the initial batch of applicants are: the Government of the Republic of Korea; China Ocean Minerals Research and Development Association (COMRA) (PRC); Deep Ocean Resources Development Company (DORD) (Japan); Institut français de recherche pour l'exploitation de la mer (IFREMER) (France); and the Federal Institute for Geosciences and Natural Resources (FIGNR) of Germany, whose application was granted in 2006; Yuzhmorgeologya (Russian Federation), and; Interoceanmetal Joint Organization (IOM) (Bulgaria, Cuba, Slovakia, Czech Republic, Poland and Russian Federation) (International Seabed Authority, *Contractors*). American mining companies have some of the most advanced technology in the world for seabed mining, but the United States remains outside this compact as a non-party to the Law of the Sea Convention. As noted below, the earliest large-scale seabed mining operations will be conducted by Canadian mining company Nautilus, but within the EEZ of Papua New Guinea and therefore outside of ISA's remit.

Despite the imminent commencement of significant commercial seabed mining in the Pacific, little has been agreed on mining regulations within the ISA. Legislation within national EEZs also remain embryonic, but momentum is gathering as more and more companies seek access and preparations for seabed mining operations commence. The Papua New Guinea national government has the legal right to sanction seabed mining and has given its approval for mining to commence with due respect for Papua New Guinea's strict environmental protection standards which reflect almost four decades of dealing with and learning from land-based mining operations and ecological disasters such as the downstream toxic pollution from Ok Tedi copper and goldmine. At a Deep Sea Mineral Project Workshop in June 2011, Senior Technical Assistant Engineer with Papua New Guinea's Minerals Resource Authority (MRA), Lyndah Brown-Kola, noted that Papua New Guinea's lease agreement with Nautilus reflected the lessons of 36 years of developing legislation and regulatory frameworks for mining. She noted that this legislative and regulatory framework was administered by the MRA in conjunction with the Department of Mineral Policy and Geohazards Management. Government legislation also provides for Papua New Guinea to acquire up to 30% equity in mining operations in their country, and government policy is to provide a portion to the landowners as royalties through the government's independent commercial entity Petromin. Brown-Kola noted that the license for seabed mining operations granted to Nautilus in 2008 only occurred at the end of a 14 year process of working with the company (SOPAC).

A number of other Pacific Island nations are also preparing to introduce legislation to control seabed mining within its EEZ. The EU is currently sponsoring a 4 year project to help Pacific Forum nations to develop their seabed mining policy frameworks –Samoa, Tonga, Fiji, Cook Islands, Solomon Islands, Vanuatu are also following Papua New Guinea's lead on this legislative frontier (Radio Australia, 25 February 2011, Radio Australia, 30 June 2011). In 2008, private companies in Tonga and Nauru aligned with Canadian company Nautilus Minerals, and supported by their governments, became the first developing nation entities to apply for ISA authorization to explore the seabed beyond EEZs for polymetallic nodules. The ISA granted an exploration contract to Nauru Ocean Resources Inc. in July 2011 and to Tonga Offshore Mining Limited in January 2012 (International Seabed Authority, *Contractors*). The Fijian delegate to the ISA was the sole Pacific Island advocate for these applications within the ISA and noted that in dramatic contrast to the applications from Russian and Chinese-based applicants, the Nauruan and Tongan applications faced extended opposition from a number of prominent members of the ISA Council before finally being approved (The Permanent Mission of Fiji to the United Nations, 'International Seabed Authority Approves Applications').

Conclusion: Pacific Islanders and seabed mining

In 2008, a coalition representing coastal communities around the Bismarck-Solomon Sea in Papua New Guinea sought a greater say in decisions on seabed mining for indigenous peoples, and vowed not to support any such operation until solid evidence could be provided by companies or the Papua New Guinea Government that seabed mining would not cause significant damage to coastal and marine ecosystems (Mineral Policy Institute). Under Papua New Guinea law however, control and ownership of coastal and distant waters is vested in the national government rather than local communities.

The fate of Pacific Islanders' ocean spaces and ocean resources most likely lies even further afield. The destinies of both Pacific Island MIRAB economies and resource rent economies in this era of heightened, human-induced climate change are now even further linked to processes beyond its area over which they have no influence. The low lying atolls of the Pacific are particularly prone to sea level rises and increased typhoon activity and intensity associated with global warming (Mortreux and Barnett). Now more aware of influences looming just over the horizon, the region's inhabitants must, nevertheless, still generally modify the impact of these external forces rather than hope to shape them. Joint ventures such as those signed between Nauru and Tonga respectively with Nautilus Minerals offer the most realizable way of participation in the latest commercial activities to take place in their seas, and to gain a share of any profits in the absence of a significant Pacific Islander presence on the ISA or domestic monitoring capacity.

Seeking a significant share of the profits for Pacific Island nationals and local residents is justified despite reliance on external companies shouldering the considerable cost of developing the sophisticated technology and infrastructure necessary for enduring offshore mining operations. The history of land-based mining, forestry and fishing activities in the Pacific Islands suggest, however, that the costs and consequences of unanticipated environmental damage arising from seabed mining will fall on local communities first, and national governments second, with commercial operators only partly compensating those local communities most directly affected.

REFERENCES

Adriano, Joel D., "Pacific islands seek protection from deep sea mining", *Science and Development Network,* 29 July 2011, (http://www.scidev.net/en/news/pacific-islands-seek-protection-from-deep-sea-mining.html).

Allen, Matthew, 'Greed and grievance: the role of economic agendas in the conflict in Solomon Islands'. *Pacific Economic Bulletin.* 20(2), 2005, 56-71

Banks, Glenn, 'Mining and the Environment in Melanesia: Contemporary Debates Reviewed'. *The Contemporary Pacific* 14(1), 2002, 39-67.

Banks, Glenn, and Ballard, Chris (eds.), *The Ok Tedi Settlement: issues, outcomes and implications*, Canberra, National Centre for Development Studies, 1997.

Bardach, J. E. and P. J. Ridings, "Pacific Tuna: Biology, Economics, and Politics", in E.M. Borgese and N. Ginsburg (eds.) *Ocean Yearbook 5,* Chicago: University of Chicago Press, 1985, 29-57.

Bertram, Geoff, 'The MIRAB Model Twelve Years On'. *The Contemporary Pacific* 22(2), 1999, 105-138

Bertram, Geoff, and Watters, Ray, 'The MIRAB Economy in Pacific Microstates', *Pacific Viewpoint* 26(3), 1985, 497-519.

Brownlie, I. (ed.), *Basic Documents in International Law* (4th Edition), Oxford: Oxford University Press, 1995.

Burton, John, 'Terra nugax and the discovery paradigm: how Ok Tedi was shaped by the way t was found and how the rise of political process in the North Fly took the company by surprise', in Glenn Banks and Chris Ballard (eds.), *The Ok Tedi Settlement: issues, outcomes and implications*, Canberra, National Centre for Development Studies, 1997, 27-55.

Chand, Satish, Grafton, R. Quentin, and Petersen, Elizabeth, 'Multilateral Governance of Fisheries: Management and Cooperation in the Western and Central Pacific Tuna Fisheries', *Marine Resource Economics*, 18, 2003, 329-348.

Crocombe R., *The South Pacific*, Suva: University of the South Pacific, 2001.

Cronan, D. S.,'Manganese nodules', in Steele, J.; Turekian, K.; Thorpe, S. *Encyclopedia of Ocean Sciences*, San Diego: Academic Press, 2001, 1526–1533.

A Companion to Global Environmental History, Wiley Blackwell, Oxford, 2012.

Denoon, Donald, *Getting Under the Skin: The Bougainville Copper Agreement and the Creation of the Panguna Mine*, Melbourne University Press, Melbourne, 2000.

Doulman D.J. (ed.), *Tuna Issues and Perspectives in the Pacific Islands Region* Honolulu: East-West Center, 1987.

Drew, Lisa W., 'The Promise and Perils of Seafloor Mining', *Oceanus*, 27, November 2011 (Available at http://www.whoi.edu/oceanus/ viewArticle.do?id=62986).

Filer, Colin, and Macintyre, Martha, 'Grass Roots and Deep Holes: Community Responses to Mining in Melanesia'. *The Contemporary Pacific* 18(2), 2006, 215-231.

Gupta D. and Yala C., 'Fishing, Forestry and Mining' in B.V. Lal and K Fortune (eds.) *The Pacific Islands: an encyclopedia*, Honolulu: The University of Hawaii Press, 2000, 366-371.
Haley, Nicole, and May, R.J. (eds.), *Conflict and resource development in the Southern Highlands of Papua New Guinea*, ANU E-Press, Canberra, 2007.
Hardin, G., 'The Tragedy of the Commons', *Science*, vol. 162, 1968, 1243-1248.
Harris D.J., *Cases and Materials on International Law* (6th Edition), London: Sweet and Maxwell, 2004.
Hau'ofa, Epeli, 'Our Sea of Islands', *The Contemporary Pacific,* 6 (1), 1994, 148-161.
International Seabed Authority, *Authority*,
(available at http, ://www.isa.org.jm/files/documents/ EN/Brochures/ ENG1.pdf).
International Seabed Authority, *Structure and Functioning*,
(available at http://www.isa.org.jm/files/documents/EN/Brochures/ENG2.pdf)
International Seabed Authority, *The Council*,
(available at http://www.isa.org.jm/en/about/members/council)
International Seabed Authority, *Composition of the Council*,
(available at http://www.isa.org.jm/en/about/members/council/composition)
International Seabed Authority, *Contractors,*
(available at http://www.isa.org.jm/files/images/CCZ_contractors-resize2.jpg).
International Seabed Authority, *Exploration Areas*,
(available at http://www.isa.org.jm/en/scientific/exploration)
International Seabed Authority*, Cobalt-rich Crusts*,
(available at http://www.isa.org.jm/files/documents/EN/ Brochures/ ENG9.pdf).
International Seabed Authority, *Polymetallic Nodules,*
(available at http://www.isa.org.jm/files/documents/EN/Brochures/ ENG7. pdf).
International Seabed Authority, *Polymetallic Sulphides*,
(available at http://www.isa.org.jm/files/documents/EN/Brochures/ ENG8. pdf).
Kabutaulaka, T.T., 'Rumble in the jungle: land, culture and (un)sustainable logging in the Solomon Islands', in A. Hooper (ed.), *Culture and Sustainable Development in the Pacific*, Asia Pacific Press, Canberra, 2000, 88-97.
Kato, Yasuhiro, et al, 'Deep-sea mud in the Pacific Ocean as a potential resource for rare-earth elements', *Nature Geoscience*, vol. 4 (8), 2011, pp. 535-539, http://www.nature.com/ngeo/journal/v4/n8/full/ngeo1185.html.
Latimer, Cole, 'Seabed Mining: Plunging into the Depths of a New Frontier', *Australian Mining*, 10 August 2011 (available at http://www.miningaustralia.com.au/news/seabed-mining-plunging-into-the-depths-of-a-new-frontier).
Lobban, C.S. and Schefter M., *Tropical Pacific Island Environments*, Guam: University of Guam Press, 1997.
Markussen, Jan Magne, 'Deep Seabed Mining and the Environment: Consequences, Perceptions, and Regulations', in Helge Ole Bergesen and Georg Parmann (eds.), *Green Globe Yearbook of International Co-operation on Environment and Development*, Oxford, Oxford University Press, 1994, 31-39.
Mortreux, C., and Barnett, J., "Climate change, migration and adaptation in Funafuti, Tuvalu", Global Environmental Change, 19, 2009, pp.105-112, http://www.sciencedirect.com/science?_ob=MImg&_imagekey=B6VFV-4TY8W69-1-1&_cdi=6020&_user=554534&_pii=S0959378008000903&_origin=&_coverDate=02%2F28%2F2009&_sk=999809998&view=c&wchp=dGLzVlz-zSkWA&md5=863009d5345ef3a98a99af8ac005687b&ie=/sdarticle.pdf.
Mineral Policy Institute, 'Karkum National Sea Bed Mining Forum Statement: June 25-27th, 2008', *Mineral Policy Institute* (available at http://www.mpi.org.au/dsm-in-papua-new-guinea.aspx).

May, R.J., and Spriggs, Matthew (eds.), *The Bougainville Crisis*, Crawford House Press, Bathurst, 1990.
Nautilus Minerals Inc. 'Solwara 1 Project – High Grade Copper and Gold', *Nautilus Minerals Inc*, 2010 (available at http://www.nautilusminerals. com/s/Projects-Solwara.asp).
Nero K., 'The Material World Remade', in D. Denoon (ed.) *The Cambridge History of the Pacific Islanders*, Cambridge: Cambridge University Press, 1997, 359-396.
Press Trust of India, 'China to expand seabed mining in Indian Ocean', report carried by IBNLive (available at http://ibnlive.in.com/printpage. php?id=185112&section_id=2).
Radio Australia, 'Help for Pacific countries seabed mining development', *Pacific Beat*, 25 February, 2011 (available at http://www.radioaustralia. net.au/pacbeat /stories/ 201102/s3148747.htm)
Radio Australia, 'Samoa moves on seabed mining', *Pacific Beat*, 30 June, 2011 (available at http://www.radioaustralia.net.au/pacbeat/stories/ 201106/s3257291.htm)
Regan, Anthony J., *Light Intervention: Lessons from Bougainville*, U.S. Institute of Peace Press, Washington D.C., 2010.
Scheyvens, R. and Lagisa, L., 'Women, Disempowerment and Resistance: An analysis of logging and mining activities in the Pacific'. *Singapore Journal of Tropical Geography* 19 (1), 1998, 51-71.
Shwartz, Michael, 'Mining the world's richest copper resource – on the seabed', *Australian Journal of Mining*, November-December 2010, pp.8-9. (available at http://www.theajmonline.com.au/pdfs/nov-dec-2010/ajm-nd-p8-9.pdf).
SOPAC 'Papua New Guinea Ready for Seabed Mining', *Applied Geoscience and Technology Division of Secretariat of the Pacific Community* (SOPAC), 14 June 2011 (available at http://www.sopac.org/index.php/media-releases/1-latest-news/299-papua-new-guinea-ready-for-seabed-mining).
Tarte S., *Japan's Aid Diplomacy and the Pacific Islands*, Canberra: National Centre for Development Studies, 1998.
Teiwaki, R., *Management of Marine Resources in Kiribati*, Suva: University of the South Pacific, 1988.
The Economist, 'Seabed mining: The unplumbed riches of the deep', *The Economist*, 14 May, 2009 (available at http://www.economist. com.node/13649273).
The Permanent Mission of Fiji to the United Nations, 'Fiji Statement at the International Seabed Authority Council, 3rd May 2010', (available at http://www.fijiprun. org/index.php?option=com_content&view=article&id=115:fiji-statement-at-the-international-seabed-authority-council-3rd-may-2010&catid=21&Itemid=181).
The Permanent Mission of Fiji to the United Nations, 'International Seabed Authority Approves Applications', n.d. (available at http://www.fijiprun. org/index.php?option=com_content&view=article&id=70:international-seabed-authority-approves-applications&catid=11&Itemid=180).
Thomas F.R., 'Fisheries Development in Kiribati: sustainability issues in a "MIRAB" economy' *Pacific Studies* 26(1-2), 2003, 1-36.
United Nations (1992) *The Law of the Sea: Exclusive Economic Zone, Legislative History of Articles 56, 58 and 59 of the United Nations Convention on the Law of the Sea* New York: Division for Ocean Affairs and the Law of the Sea, United Nations, (n.d.) (available at http://www.un.org/Depts/los/ convention_agreements/ texts/unclos/ closindx.htm).
Wesley-Smith, Terence, "The politics of access: Mining companies, the State and Landowners in Papua New Guinea", *Political Science*, vol. 42 (2), 1990, pp.1-19.

« Portes océanes »

Collection dirigée par Frédéric Angleviel,
Professeur des universités en histoire

Cette collection est dédiée en premier lieu à une meilleure connaissance de l'Océanie et des espaces insulaires à partir de l'édition cohérente des articles épars de chercheurs reconnus ou de la mise en perspective d'une thématique à travers les contributions les plus notables. La collection « Portes océanes » a donc pour objectif de créer des ponts entre les différents acteurs de la recherche et de mettre à la disposition de tous des bouquets d'articles et de contributions, publications éparses méconnues et souvent épuisées. En effet, la recherche disposant désormais de très nombreuses possibilités d'édition, on constate souvent une fragmentation et une dissémination de la connaissance. Ces rééditions en cohérence se veulent donc un outil au service des sciences humaines et sociales appliquées aux milieux insulaires et plus particulièrement à ceux de l'aire Pacifique.

En second lieu, la collection « Portes océanes » a pour ambition de permettre la diffusion auprès du public francophone des principaux résultats de la recherche internationale, grâce à une politique concertée et progressive de traduction. Tout naturellement, elle permettra aussi la publication de colloques ou de séminaires sans s'interdire la publication d'ouvrages mettant à la disposition du public les derniers travaux universitaires ou des recherches originales portant sur les milieux insulaires, les outre-mers francophones et la région Pacifique.

Déjà parus

Frédéric Angleviel : *Histoire de la Nouvelle-Calédonie. Nouvelles approches, nouveaux objets*, 2005.
Sonia Faessel : *Vision des îles : Tahiti et l'imaginaire européen. Du mythe à son exploitation littéraire (XVIII*e-XXe siècles), 2006.
Alain Moyrand : *Droit institutionnel de la Polynésie française*, 2007.
Mounira Chatti, Nicolas Clinchamps et Stéphanie Vigier (dir.) : Pouvoir(s) et politique(s) en Océanie – *Actes du XIXe colloque CORAIL*, 2007.
Sémir Al Wardi : *Tahiti Nui ou les dérives de l'autonomie*, 2008.
Frédéric Angleviel (dir.) : *Chants pour l'au-delà des mers. Mélanges en l'honneur du professeur Jean Martin*, 2008.

Benoît Carteron : *Identités culturelles et sentiment d'appartenance en Nouvelle-Calédonie*, 2008.
Frédéric Angleviel et Jean-Michel Lebigre (dir.) : *De la Nouvelle-Calédonie au Pacifique*, 2009.
Pascal Dumas et Jean-Michel Lebigre (dir.) : *La Brousse, représentations et enjeux*, 2010.
Marc Debene et Jean-Paul Pastorel (dir.) : *La « loi du pays » en Polynésie française*, 2011.
Dominique Pechberty : *Vie quotidienne aux îles Marquises*, 2011.
Dominique Pechberty *: Récits de missionnaires aux îles Marquises*, 2011. Pierre Maresca : *L'Exception calédonienne*, 2011.
Nathalie Cartacheff : *La vie quotidienne à Maré au temps des Vieux*, 2011.
Robert Bertram : *La bipolarisation politique de la Nouvelle-Calédonie depuis 1975*, 2012.
Alain Moyrand : *Droit institutionnel et statutaire de la Polynésie française*, 2012.
Frédéric Angleviel (dir.) : *Les outre-mers français. Actualités et Études*, 2012.
Mounira Chatti (dir.) : *Masculin/Féminin : Sexe, genre, identité*, 2012.
Frédéric Angleviel (dir.) : *La Mélanésie. Actualités et Études*, 2012.
Jean-Yves Faberon (dir.) : *Pieds-Noirs en Nouvelle-Calédonie. Témoignages et analyses*, 2012
Michel Perez, René Zimmer et Dominique Barbe (dir.) : *Objet d'art et art de l'objet*, 2013
Annick Jacky Le Bourlot : *Á l'Anse Vata*, 2013

À paraître

Ahmed Ali Abdallah : *Le statut juridique de Mayotte. Concilier droit interne et droit international.*
Michaël Fidèle : *L'évolution statutaire de la Polynésie française.*
Elvina Inghels : *Le tourisme en Nouvelle-Calédonie.*
Mareva Lechat : *Jeux politiques et processus d'autonomisation en Polynésie française, 1957-2011.*

Océan Pacifique aux éditions L'Harmattan

Dernières parutions

DONS (LES) DU CIEL DES ANCIENS POLYNÉSIENS
Archéoastronomie en Polynésie française
Cruchet Louis - Préface de Dominique Proust
L'astronomie occupait une grande place chez les Océaniens qui peuplèrent le « triangle » polynésien. Mais en quoi le ciel polynésien était-il un « don » ? Leurs connaissances et leurs croyances astronomiques étaient à l'égal de celles des grandes civilisations ? Sans écriture, ni mathématiques élaborées, comment auraient-ils fait pour nourrir et transmettre ces connaissances ? L'archéoastronomie, l'ethnologie et les études de terrain effectuées en Polynésie répondent à ces questions.
(Coll. Lettres du Pacifique, 30.50 euros, 278 p.)
ISBN : 978-2-336-00651-2, ISBN EBOOK : 978-2-296-51607-6

MÉLANÉSIE (LA) – Actualités et études – Année 2012
Sous la direction de Frédéric Angleviel
Les cinq composantes de la Mélanésie sont constituées par la Papouasie-Nouvelle-Guinée, les îles Salomon, le Vanuatu, la Nouvelle-Calédonie et les Fidji. Ce premier volume comporte un dossier central de huit articles sur la problématique des mines en Mélanésie. La partie « Études » aborde la Papouasie-Nouvelle-Guinée et la Nouvelle-Calédonie, tant en langue française qu'en langue anglaise. Les « Varia » sont suivis de « Comptes rendus » comportant une présentation en bichelamar.
(Coll. Portes océanes, 30.00 euros, 292 p.)
ISBN : 978-2-296-99729-5, ISBN EBOOK : 978-2-296-51300-6

PIEDS-NOIRS EN NOUVELLE-CALÉDONIE
Témoignages et analyses
Cercle algérianiste de Nouvelle-Calédonie - Texte coordonné par Jean-Yves Faberon
Le 50e anniversaire de l'exil des Français d'Algérie se devait d'être commémoré. Une journée de témoignages s'est tenue le 4 août 2012. Le présent ouvrage reproduit l'essentiel des échanges qui ont alors eu lieu. Et persiste toujours cette question posée à Nouméa comme ailleurs : que restera-t-il de nous demain ?
(Coll. Portes océanes, 18.50 euros, 164 p.)
ISBN : 978-2-336-00356-6, ISBN EBOOK : 978-2-296-50960-3

TANNA, KWERYA, ITONGA – Histoires océaniennes au Vanuatu
Plommée Gérard
Tanna, située au sud de l'archipel du Vanuatu, témoigne des apports successifs mélanésiens et polynésiens. Sa singularité demeure encore vivace en ce début de XXIe siècle, ses habitants continuant de perpétuer fièrement leurs coutumes au travers de fêtes traditionnelles exceptionnelles dans les chants, les costumes et les danses. Récits des îliens, histoire, géopolitique et témoignage de l'auteur alimentent cet essai sur cette terre du bout du monde.
(Coll. Là-bas, 30.00 euros, 288 p.)
ISBN : 978-2-296-99370-9, ISBN EBOOK : 978-2-296-50697-8

FABULEUSE (LA) HISTOIRE DE LA TÊTE MAORIE DU MUSÉUM DE ROUEN
Tourancheau Philippe
Le Muséum de Rouen vient de restituer une tête coupée maorie, conservée depuis 150 ans à l'Institut néo-zélandais de Te Papa. Une fabuleuse histoire qui puise ses origines dans les pires heures de la conquête coloniale et qui est un résumé des relations philosophiques entre l'Occident et les peuples autochtones au 19e siècle. Une histoire qui expose au grand jour la difficile question des restes humains conservés dans nos musées et leur restitution devenue maintenant possible. ...
(20.00 euros)
ISBN : 978-2-296-57467-0

PATRIMOINES POLYNÉSIENS
Dinety Jean-Claude
Cet ouvrage traite des principales richesses patrimoniales de la Polynésie française : naturelles – volcan, lagon, flore et faune –, vernaculaires – langues, musiques et chants, planches et pirogues, tatouages –, matérielles – les bâtis mahoris, européens et chinois –, immatérielles – les lieux de mémoire – et économico-sociales – la perle de Tahiti.
(20.00 euros, 194 p.)
ISBN : 978-2-296-99348-8, ISBN EBOOK : 978-2-296-50129-4

OISEAUX (LES) DU VENT, LES GENS DU VENT
Les oiseaux frégates et les Polynésiens
Petit-Skinner Solange
Les oiseaux frégates, encore mystérieux, sont très vénérés à Nauru, comme dans de nombreuses îles du Pacifique, car ils appartiennent au monde surnaturel. Ils créent le lien entre le monde visible et le monde invisible. C'est par eux que l'on communique avec les esprits. Cette admiration extraordinaire portée aux frégates par les Polynésiens vient d'une ressemblance entre eux. Comme eux, ils aiment les défis, le risque et la liberté...
(20.00 euros, 202 p.)
ISBN : 9782-296-99084-5, ISBN EBOOK : 9782-296-50085-3

DROIT INSTITUTIONNEL DE LA POLYNÉSIE FRANÇAISE (2e ÉDITION)
Moyrand Alain - Préface de Marc Debène
La Polynésie française, qui fut longtemps un TOM, est désormais une collectivité d'outre-mer dotée de l'autonomie. Ce livre présente ses

institutions publiques et le régime d'autonomie mis en place en 2004 ainsi que les réformes de 2007 et 2011. Les débats sur l'avenir du pays qui recourent aux notions d'»autonomie» et d'»indépendance' reçoivent ici un éclairage indispensable. Un outil pour étudier de manière approfondie le droit d'outre-mer.
(Coll. Portes océanes, 50.50 euros, 256 p.)
ISBN : 978-2-296-99278-8, ISBN EBOOK : 978-2-296-50127-0

VIE (LA) QUOTIDIENNE AUX ÎLES LOYAUTÉ
Maré au temps des Vieux
Cartacheff Nathalie
Une littérature abondante a été consacrée aux îles Loyauté, et en particulier à Maré, depuis l'arrivée des premiers missionnaires sur l'île au XIXe siècle. De nombreux amateurs éclairés et des scientifiques se sont penchés sur ses caractéristiques en tentant d'en expliquer les spécificités. Pourquoi Maré fascine-t-elle autant ses visiteurs ? Cet ouvrage permet de jeter une lumière nouvelle sur les choix qu'a faits l'île de Maré pour trouver la meilleure solution pour sa population.
(Coll. Portes océanes, 34.50 euros, 346 p.)
ISBN : 978-2-296-99250-4, ISBN EBOOK : 978-2-296-50276-5

TAHITI PACIFIQUE MAGAZINE
Une goutte de liberté dans l'océan
Hudelot Arnaud
C'est l'histoire très particulière d'une rédaction du bout du monde. Son nom, *Tahiti Pacifique Magazine*, celui de son fondateur, Alex W. du Prel. Sous sa plume, rien n'est écarté, rien n'est caché, tout est dit !
(20.00 euros) *ISBN : 978-2-296-57459-5*

VIE QUOTIDIENNE AUX ÎLES MARQUISES
D'après des récits de voyageurs durant la période 1797-1842
Pechberty Dominique
Ce livre revient sur la particularité de la culture des Îles Marquises à travers les témoignages de missionnaires, de *beachcombers* et de navigateurs, présents sur l'île juste avant sa colonisation. A la fin du XVIIIe siècle, la société marquisienne est de type horticole. Chaque chef centralise l'approvisionnement en nourriture dans sa vallée et la redistribue selon la hiérarchie. C'est aussi une société basée sur un système d'échanges de biens et de services.
(Coll. Portes océanes, 28.50 euros, 276 p.) *ISBN : 978-2-296-96704-5*

RÉCITS DE MISSIONNAIRES AUX ÎLES MARQUISES (1797-1842)
Pechberty Dominique
Les récits inédits de missionnaires ici réunis révèlent l'existence d'une culture originale à laquelle se heurte le prosélytisme des missionnaires, bien avant l'établissement de la colonisation. Le plus important est celui du révérend William Pascoe Crook, daté de 1799. Sous la protection des chefs, il apprend la langue et observe de près la vie sociale au sein des vallées...
(Coll. Portes océanes, 20.00 euros, 190 p.) *ISBN : 978-2-296-96705-2*

BIPOLARISATION POLITIQUE DE LA NOUVELLE-CALÉDONIE DEPUIS 1975

Bertram Robert

Préface d'Yves Dassonville

La bipolarisation politique de la Nouvelle-Calédonie est un thème qui permet d'évoquer l'évolution politique et institutionnelle de la Nouvelle Calédonie contemporaine, ce pays dont la situation est si singulière aujourd'hui. Il explique que la recherche de consensus, animée aujourd'hui par toutes les bonnes volontés, résulte d'une fracture du pays, née avec l'apparition du mouvement indépendantiste.

(Coll. Portes océanes, 53.00 euros, 598 p.) *ISBN : 978-2-296-56960-7*

ÉCOLOGIE (L') DANS LES LANGUES DE CONTACT

Ehrhart Sabine

Le Pacifique sud montre une grande richesse linguistique et constitue un laboratoire de recherche en matière de langue. En se basant sur l'exemple du tayo de Saint-Louis, langue créole née en Nouvelle-Calédonie à partir de 1860, Sabine Ehrhart démontre l'importance de la matrice sociale pour la genèse de cette langue de contact et donne des éclairages plus généraux autour de l'origine des langues et du langage.

(Coll. Sociolinguistique, 25.00 euros, 250 p.) *ISBN : 978-2-296-96942-1*

BIPOLARISATION POLITIQUE DE LA NOUVELLE-CALÉDONIE DEPUIS 1975

Bertram Robert

Préface d'Yves Dassonville

La bipolarisation politique de la Nouvelle-Calédonie est un thème qui permet d'évoquer l'évolution politique et institutionnelle de la Nouvelle Calédonie contemporaine, ce pays dont la situation est si singulière aujourd'hui. Il explique que la recherche de consensus, animée aujourd'hui par toutes les bonnes volontés, résulte d'une fracture du pays, née avec l'apparition du mouvement indépendantiste.

(Coll. Portes océanes, 53.00 euros, 598 p.) *ISBN : 978-2-296-56960-7*

ÉCOLOGIE (L') DANS LES LANGUES DE CONTACT

Ehrhart Sabine

Le Pacifique sud montre une grande richesse linguistique et constitue un laboratoire de recherche en matière de langue. En se basant sur l'exemple du tayo de Saint-Louis, langue créole née en Nouvelle-Calédonie à partir de 1860, Sabine Ehrhart démontre l'importance de la matrice sociale pour la genèse de cette langue de contact et donne des éclairages plus généraux autour de l'origine des langues et du langage.

(Coll. Sociolinguistique, 25.00 euros, 250 p.) *ISBN : 978-2-296-96942-1*

L'HARMATTAN, ITALIA
Via Degli Artisti 15; 10124 Torino

L'HARMATTAN HONGRIE
Könyvesbolt ; Kossuth L. u. 14-16
1053 Budapest

ESPACE L'HARMATTAN KINSHASA
Faculté des Sciences sociales,
politiques et administratives
BP243, KIN XI
Université de Kinshasa

L'HARMATTAN CONGO
67, av. E. P. Lumumba
Bât. – Congo Pharmacie (Bib. Nat.)
BP2874 Brazzaville
harmattan.congo@yahoo.fr

L'HARMATTAN GUINÉE
Almamya Rue KA 028, en face du restaurant Le Cèdre
OKB agency BP 3470 Conakry
(00224) 60 20 85 08
harmattanguinee@yahoo.fr

L'HARMATTAN CAMEROUN
BP 11486
Face à la SNI, immeuble Don Bosco
Yaoundé
(00237) 99 76 61 66
harmattancam@yahoo.fr

L'HARMATTAN CÔTE D'IVOIRE
Résidence Karl / cité des arts
Abidjan-Cocody 03 BP 1588 Abidjan 03
(00225) 05 77 87 31
etien_nda@yahoo.fr

L'HARMATTAN MAURITANIE
Espace El Kettab du livre francophone
N° 472 avenue du Palais des Congrès
BP 316 Nouakchott
(00222) 63 25 980

L'HARMATTAN SÉNÉGAL
« Villa Rose », rue de Diourbel X G, Point E
BP 45034 Dakar FANN
(00221) 33 825 98 58 / 77 242 25 08
senharmattan@gmail.com

L'HARMATTAN TOGO
1771, Bd du 13 janvier
BP 414 Lomé
Tél : 00 228 2201792
gerry@taama.net

Achevé d'imprimer par Corlet Numérique - 14110 Condé-sur-Noireau
N° d'Imprimeur : 100196 - Dépôt légal : juillet 2013 - *Imprimé en France*

Made in United States
Orlando, FL
04 November 2026

90208562R00128